TUMU GONGCHENG

应用型本科院校
土木工程专业系列教材
YINGYONGXING BENKE YUANXIAO
TUMU GONGCHENG ZHUANYE XILIE JIAOCAI

重大版·建筑

U0379473

第2版

土木工程材料实训指导

TUMU GONGCHENG CAILIAO SHIXUN ZHIDAO

主　编■陈　伟

副主编■田培军　余效儒　夏静杰　王佳雷

主　审■耿　健　徐亦冬

重庆大学出版社

图书在版编目(CIP)数据

土木工程材料实训指导 / 陈伟主编. -- 2 版. -- 重
庆：重庆大学出版社，2023.8
应用型本科院校土木工程专业系列教材
ISBN 978-7-5624-8458-5

Ⅰ. ①土… Ⅱ. ①陈… Ⅲ. ①土木工程—建筑材料—
高等学校—教学参考资料 Ⅳ. ①TU5

中国国家版本馆 CIP 数据核字(2023)第 111931 号

土木工程材料实训指导

(第2版)

主 编 陈 伟
策划编辑:林青山

责任编辑:张红梅 版式设计:林青山
责任校对:刘志刚 责任印制:赵 晟

*

重庆大学出版社出版发行
出版人:陈晓阳
社址:重庆市沙坪坝区大学城西路 21 号
邮编:401331
电话:(023) 88617190 88617185(中小学)
传真:(023) 88617186 88617166
网址:http://www.cqup.com.cn
邮箱:fxk@ cqup. com. cn (营销中心)
全国新华书店经销
重庆博优印务有限公司印刷

*

开本:787mm×1092mm 1/16 印张:8.75 字数:220 千
2023 年 8 月第 2 版 2023 年 8 月第 2 次印刷
印数:3 001—5 000
ISBN 978-7-5624-8458-5 定价:29.00 元

前　言

　　材料是土木工程的物质基础，并在一定程度上决定着建筑与结构的形式以及工程施工方法。新型土木工程材料的研发与应用，将促使工程结构设计方法和施工技术的不断变化与革新，同时新颖的建筑与结构形式又不断向工程材料提出更高的性能要求。建筑师总是把精美的建筑艺术与科学合理地选用工程材料融合在一起；结构工程师也只有在很好地了解了工程材料的技术性能之后，才能根据工程力学原理准确计算并确定建筑构件的尺寸，从而创造先进的结构形式。

　　土木工程材料是实践性很强的学科，材料试验是土木工程材料学的重要组成部分，同时也是学习和研究土木工程材料的重要方法。土木工程材料基本理论的建立及其技术性能的开发与应用，都是在科学试验的基础上逐步发展和完善起来的，土木工程材料的科学试验将进一步推动土木工程材料学科的发展。

　　本书是与《土木工程材料》配套的实训类教材。本书共10章，第1章是土木工程材料试验基本知识，第2—9章分别为水泥，混凝土用砂、石骨料，混凝土，建筑砂浆，墙体材料，钢筋，沥青及沥青混合料的试验实训指导，最后一章为实验报告。本书凡涉及土木工程材料的规范，全部采用最新的国家规范。本书由浙大宁波理工学院陈伟担任主编；宁波东兴沥青制品有限公司田培军、浙大宁波理工学院余效儒、宁波东兴沥青制品有限公司夏静杰及浙大宁波理工学院王佳雷担任副主编。本书具体编写分工如下：陈伟负责总体统筹，并编写第1、2、3、4、7章；余效儒与王佳雷编写第5、6、10章；田培军与夏静杰编写第8、9章。浙大宁波理工学院耿健、徐亦冬担任本书主审，对全书内容进行了审阅。

　　本书第1版出版于2014年，距今已有9年，当时的国家规范已有部分作废，并且在教学使用过程中也发现了书中的一些问题和需要改进的地方，因此编者对本书进行了修订再版。本书在编写过程中，参考了国内多个版本的土木工程试验教材，在此对相关作者表示衷心的感谢。

　　由于编者水平有限，书中难免存在疏漏和错误，敬请各位读者批评指正。

编　者

2023 年 7 月

目　录

1

试验基本知识

"土木工程材料试验"是为配合"土木工程材料"理论教学而开设的试验课程,在"土木工程材料"相关理论讲授完成后进行相应的试验教学。

1.1 试验目的

①巩固、拓展土木工程材料基础理论知识,丰富、提高专业素质。
②掌握常用仪器设备的工作原理和操作技能,培养工程技术和科学研究的基本能力。
③了解土木工程材料及其相关试验规范,掌握常用土木工程材料的试验方法。
④培养严谨求实的科学态度,提高分析与解决实际问题的能力。

1.2 试验任务

①分析、鉴定土木工程原材料的质量。
②检验、检查材料成品及半成品的质量。
③验证、探究土木工程材料的技术性质。
④统计分析试验资料,独立完成试验报告。

1.3 试验过程

试验过程是试验者进行试验的全部程序,土木工程材料的每个试验都应包括试验准备、取样与试件制备、试验操作。

▶ **1.3.1　试验准备**

认真、充分的试验准备是保证试验顺利进行并取得满意结果的前提和条件,试验准备包括以下两个方面:

①理论知识的准备。每个试验都是在相关理论知识的指导下进行的,只有在试验前充分了解本试验的理论依据和试验条件,才能有目的、有步骤地进行试验,否则将会陷入盲目状态。

②仪器设备的准备。试验前应了解所用仪器设备的工作原理、工作条件和操作规程等内容,以便整个试验过程能够按照预先设计的试验方案顺利、快捷、安全地进行。

▶ **1.3.2　取样与试件制备**

进行试验要有试验对象,对试验对象的选取称为取样。试验时不可能把全部材料都拿来进行测试,实际上也没有必要,往往是选取其中的一部分。因此,取样要有代表性,使其能够反映整批材料的质量性能,起到"以点代面"的作用。试验取样完成后,对有些试验对象的测试项目可以直接进行试验操作,并进行结果评定。然而在大多数情况下,还必须对试验对象进行试验前处理,制作成符合一定标准的试件,以获得具有可比性的试验结果。

▶ **1.3.3　试验操作**

试验操作是试验过程的重要环节,在充分做好试验准备以后方可进行试验操作。试验过程的每一步操作都应采用标准的试验方法,以使测得的试验结果具有可比性,因为不同的试验方法往往会得出不同的试验结果。试验操作环节是整个试验过程的中心内容,要尽可能地独立操作,细心观察,认真记录试验数据,密切注视试验中出现的各种现象,以此作为分析试验结果的依据。要以探索的精神,利用自己的学识,提出独立见解,又要以科学的态度严肃认真地对待每一项试验内容,绝不允许任意涂改试验数据,故意与预期结果相吻合。试验数据必须按有关规定进行处理,在此基础上得出实事求是的试验结果。

1.4　试验结果分析

试验数据的分析与整理是得出试验结果的最后一个环节,应根据统计分析理论,实事求是地对所得数据进行科学归纳和整理,同时结合相关标准和规范,以试验报告的形式给出试验结论,并做必要的理论解释和原因分析。

▶ **1.4.1　测量与误差**

试验中所测得的原始数据并不是最终结果,将所得数据进行统计归纳、分析整理,找出其内在的本质联系,才是试验目的所在。

测量是从客观事物中获取有关信息的认识过程,其目的是在一定条件下获得被测量的真值。尽管被测量的真值客观存在,但由于试验时所进行的测量工作都是依据一定的理论与方法,使用一定的仪器与工具,并在一定条件下由特定的人进行的,再加上试验理论的近似性及试验仪器灵敏度与分辨能力的局限性和试验环境的不稳定性等因素的影响,被测量的真值很难求得,测量结果和被测量真值之间总会存在或多或少的偏差,这种偏差就称为测量值的误差。设测量值为 x,真值为 A,则误差 ε 为:

$$\varepsilon = |x-A|$$

测量所得的一切数据都含有一定的误差,没有误差的测量结果是不存在的。既然误差一定存在,那么测量的任务就是将测量中的误差减至最小,或在特定条件下,求出测量的最近真值,并估计最近真值的可靠度。按照测量值影响性质的不同,误差可分为系统误差、偶然误差和粗大误差,此三类误差混杂在试验测量数据中。

(1)系统误差

在指定测量条件下,多次测量同一量时,若测量误差的绝对值和符号保持恒定,测量结果始终朝一个方向偏离或者按某一确定的规律变化,那么这种测量误差就称为系统误差或恒定误差。例如,在使用天平称量某一物体的质量时,由于砝码的质量不准以及空气浮力影响而引起的误差,在多次反复测量时恒定不变,这些误差就属于系统误差。系统误差的产生与下列因素有关:

①仪器设备系统本身的问题,如温度计、滴定管的精确度有限,天平砝码不准等。

②使用仪器时的环境因素,如温度、湿度、气压的逐时变化等。

③测量方法的影响与限制,如试验时,测量方法选择不当,相关作用因素在测量结果表达式中没有得到反映,或者所用公式不够严密以及公式中系数的近似性等。

④测量者个人的错误习惯,如有的人在测量读数时眼睛位置总是偏高或偏低,记录某一信号的时间总是滞后等。

由于系统误差是恒差,因此,采用增加测量次数的方法不能消除系统误差。通常可采用多种不同的试验技术或不同的试验方法,以判定有无系统误差存在。在确定系统误差的性质之后,应设法消除或使之减小,从而提高测量的准确度。

(2)偶然误差

在同一条件下多次测量同一量时,测得值总是有稍许差异并变化不定,且在消除系统误差之后依然如此,这种绝对值和符号经常变化的误差就称为偶然误差。偶然误差也叫随机误差。偶然误差产生的原因较为复杂,影响的因素很多,难以确定某个因素产生具体影响的程度,因此偶然误差难以找出确切原因并加以排除。试验表明,测量大量次数所得到的一系列数据的偶然误差都遵从一定的统计规律。绝对值相等的正、负误差出现机会相同,绝对值小的误差比绝对值大的误差出现的机会多;误差不会超出一定的范围,偶然误差的算术平均值随着测量次数的无限增加而趋于零。

测量次数的增加对提高平均值的可靠度是有利的,但并不是测量次数越多越好。因为增加测量次数必定增加测量时间和测量成本,而且延长测量时间会使观测者疲劳,存在引起较大误差的风险。另外,增加测量次数只对降低偶然误差有利,与降低系统误差无关。所以,实际测量次数不必过多,一般取 4~10 次即可。

(3)粗大误差

凡是在测量时用客观条件不能解释为合理的突出的误差均称为粗大误差,粗大误差也叫过失误差。粗大误差是观测者在观测、记录和整理数据过程中,由于缺乏经验、粗心大意、疲劳等引起的。初次进行试验的学生,在试验过程中常常会产生粗大误差,学生应在教师的指导下不断总结经验,提高试验素质,避免粗大误差的出现。

误差种类各异,产生原因不同,评定标准也有区别。为了评判测量结果,我们引入了测量的精密度、准确度和精确度等概念。精密度、准确度和精确度都是用来评价测量结果好坏的,但各词含义不同,使用时应加以区别。测量的精密度高,是指测量数据比较集中,偶然误差较小,但系统误差的大小不明确。测量的准确度高,是指测量数据的平均值偏离真值较小,测量结果的系统误差较小,但数据分散的情况即偶然误差的大小不明确。测量的精确度高,是指测量数据集中在真值附近,即测量的系统误差和偶然误差都比较小,精确度是对测量的偶然误差与系统误差的综合评价。

▶ **1.4.2 平均值**

(1)算术平均值

算术平均值 $\overline{X}$ 用来了解一批数据的平均水平,度量这些数据的中间值,计算公式如下:

$$\overline{X} = \frac{X_1 + X_2 + \cdots + X_n}{n} = \frac{\sum X}{n}$$

式中 $X_1, X_2, \cdots, X_n$——各个试验数据值;

      $\sum X$—— 各试验数据的总和;

      n——试验数据个数。

(2)均方根平均值

均方根平均值 S 对数据大小变化反应较为灵敏,计算公式如下:

$$S = \sqrt{\frac{X_1^2 + X_2^2 + \cdots + X_n^2}{n}} = \sqrt{\frac{\sum X^2}{n}}$$

式中 $X_1, X_2, \cdots, X_n$——各试验数据值;

      $\sum X^2$—— 各试验数据的平方总和;

      n——试验数据个数。

(3)加权平均值

加权平均值 m 是各个试验数据乘以相应的权重值所得的算术平均值。计算水泥平均标号采用加权平均值。加权平均值的计算公式如下:

$$m = \frac{X_1 g_1 + X_2 g_2 + \cdots + X_n g_n}{g_1 + g_2 + \cdots + g_n} = \frac{\sum X_g}{\sum g}$$

式中 $X_1, X_2, \cdots, X_n$——各试验数据值;

      $g_1, g_2, g_3, \cdots, g_n$——各试验数据值的对应数;

      $\sum X_g$—— 各试验数据值与它的对应数乘积的总和;

      $\sum g$—— 各对应数的总和。

▶ **1.4.3 误差计算**

(1)范围误差

范围误差也称为极差,是试验值中最大值和最小值之差。

【例】3块砂浆试件抗压强度分别为5.21 MPa,5.63 MPa,5.72 MPa,求这组试件的极差或范围误差。

解:这组试件的极差或范围误差为

$$极差或范围误差 = 5.72 - 5.21 = 0.51(MPa)。$$

(2)算术平均误差

算术平均误差 δ 的计算公式为:

$$\delta = \frac{|X_1 - \overline{X}| + |X_2 - \overline{X}| + |X_3 - \overline{X}| + \cdots + |X_n - \overline{X}|}{n} = \frac{\sum |X - \overline{X}|}{n}$$

式中 $X_1, X_2, \cdots, X_n$——各试验数据值;

$\overline{X}$——试验数据值的算术平均值;

n——试验数据个数。

【例】3块砂浆试块的抗压强度为5.21 MPa,5.63 MPa,5.72 MPa,求算术平均误差。

解:这组试件的平均抗压强度为5.52 MPa,其算术平均误差为

$$\delta = \frac{|5.21 - 5.52| + |5.63 - 5.52| + |5.72 - 5.52|}{3} = 0.2(MPa)$$

(3)均方根误差

只知道试件试验数据值的平均水平是不够的,要了解数据的波动情况及其带来的风险,必须知道试验数据值的均方根误差。均方根误差也称标准离差、均方差,是衡量数据波动性(离散性大小)的指标。标准离差 σ 的计算公式为:

$$\sigma = \sqrt{\frac{(X_1 - \overline{X})^2 + (X_2 - \overline{X})^2 + (X_3 - \overline{X})^2 + \cdots + (X_n - \overline{X})^2}{n - 1}} = \sqrt{\frac{\sum (X - \overline{X})^2}{n - 1}}$$

式中 $X_1, X_2, \cdots, X_n$——各试验数据值;

$\overline{X}$——试验数据值的算术平均值;

n——试验数据个数。

【例】某厂某月生产10个编号为32.5的复合水泥,28 d抗压强度为37.3 MPa,35.0 MPa,38.4 MPa,35.8 MPa,36.7 MPa,37.4 MPa,38.1 MPa,37.8 MPa,36.2 MPa,34.8 MPa,求标准离差。

解:10个编号水泥的算术平均值为

$$\overline{X} = \frac{\sum X}{n} = \frac{367.5}{10} \approx 36.8(MPa)$$

则有

数据值	X_1	X_2	X_3	X_4	X_5	X_6	X_7	X_8	X_9	X_{10}
$X - \overline{X}$	0.5	1.8	1.6	1.0	0.1	0.6	1.3	1.0	0.6	2.0
$(X - \overline{X})^2$	0.25	3.24	2.56	1.0	0.01	0.36	1.69	1.0	0.36	4.0
$\sum (X - \overline{X})^2$	14.47									

故标准离差为

$$\sigma = \sqrt{\frac{\sum (X - \bar{X})^2}{n-1}} = \sqrt{\frac{14.47}{9}} \approx 1.27(\text{MPa})$$

▶ 1.4.4 数值修约规则

试验数据和计算结果都有一定的精度要求,因此对精度范围以外的数字,应按《数值修约规则与极限数值的表示和判定》(GB 8170—2008)进行修约。简单概括为:"四舍六入五考虑,五后非零应进一,五后皆零视奇偶,五前为偶应舍去,五前为奇则进一。"

①在拟舍弃的数字中,保留数后边(右边)第一个数字小于5(不包括5)时,不进一,保留数的末位数字不变。

例如:将14.2432修约后保留一位小数为14.2。

②在拟舍弃的数字中,保留数后边(右边)第一个数大于5(不包括5)时,进一,即保留数的末位数字加一。

例如:将26.4843修约后保留一位小数为26.5。

③在拟舍弃的数字中,保留数后边(右边)第一个数字等于5,5后边的数字并非全部为零时,进一,即保留数末位数字加一。

例如:将1.0501修约后保留小数一位为1.1。

④在拟舍弃的数字中,保留数后边(右边)第一个数字等于5,5后边的数字全部为零时,若保留数的末位数字为奇数,则进一;若保留数的末位数字为偶数(包括"0"),则不进一。

例如:将下列数字修约后保留一位小数。

0.3500:修约后保留一位小数为0.4;

0.4500:修约后保留一位小数为0.4;

1.0500:修约后保留一位小数为1.0。

⑤拟舍弃的数字若为2位以上数字,不得连续进行多次(包括两次)修约。应根据保留数后边(右边)第一个数字的大小,按上述规定一次修约出结果。

例如:将17.4546修约成整数。

不正确的修约是:

修约前	一次修约	二次修约	三次修约	四次修约(结果)
17.4546	17.455	17.46	17.5	18

正确的修约是:修约前17.4546,修约后17。

▶ 1.4.5 可疑数据的取舍

在一组条件完全相同的重复试验中,当发现某个过大或过小的可疑数据时,应按数理统计方法给予鉴别并决定取舍。最常用的方法是"三倍标准离差法",其准则是 $|X_1 - \bar{X}| > 3\sigma$。另外还规定 $|X_1 - \bar{X}| > 2\sigma$ 时保留,但须存疑。如发现试件制作、养护、试验过程中有可疑的变异时,该试件强度值应予舍弃。

1.5 试验注意事项

①学生必须按照教学计划规定的时间到试验室上试验课,不得迟到、早退。

②进入试验室必须遵守试验室的规章制度及试验操作规程,必须保持安静,不准高声谈笑,不准吸烟,不准随地吐痰和乱扔纸屑杂物。

③不能使用与本试验无关的仪器设备和室内其他设施。

④一切准备就绪后,须经指导教师同意,方可使用仪器设备进行试验。

⑤在试验过程中,要严格按照操作规程进行操作,注意人身、设备安全,听从指导教师安排。

⑥试验中出现事故要保持镇静,要及时采取措施(如切断电源、气源等),防止事故扩大,并注意保护现场,及时向指导教师报告。

⑦试验结束后,要将使用的仪器设备交试验室工作人员检查,清扫现场,经指导教师同意后,方可离开试验室。

⑧凡损坏仪器设备、工具和器皿者,应主动说明原因,写出损坏情况报告,接受检查,由指导教师和试验室工作人员酌情处理并报上级主管部门。

⑨违反操作规程或擅自使用其他仪器设备造成损坏者,由事故人写出书面检查,视认识程度和情节轻重按规定赔偿部分或全部损失。

水泥试验

通过本章的学习,要求掌握水泥细度、水泥标准稠度需水量、水泥凝结硬化时间、水泥体积安定性、水泥胶砂强度等水泥物理力学性能的检验方法和检验技能;熟悉水泥试验的各种仪器和设备。

本章引用的标准有:《水泥细度检验方法 筛析法》(GB/T 1345—2005);《水泥比表面积测定方法 勃氏法》(GB/T 8074—2008);《水泥标准稠度用水量、凝结时间、安定性检验方法》(GB/T 1346—2011);《水泥胶砂强度检验方法(ISO 法)》(GB/T 17671—2021);《通用硅酸盐水泥》(GB175—2007)。

2.1 水泥细度检验(筛析法)

水泥细度检验是指采用45 μm 和80 μm 方孔标准筛对水泥试样进行筛析,用筛网上所得筛余物的质量百分数来表示水泥样品的细度。水泥细度检验分为负压筛法、水筛法和手工干筛法3 种。

▶ 2.1.1 主要试验设备

①负压筛析仪,由筛座、负压筛、负压源及收尘器组成,其中筛座由转速为(30±2)r/min的喷气嘴、负压表、控制板、微电机及壳体等构成,如图2.1 所示。

②水筛(水筛架和喷头)、干筛。

③天平(最小分度值不大于 0.01 g)等。

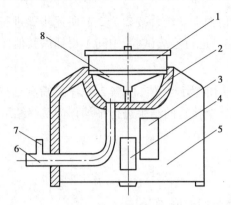

图2.1 负压筛析仪

1—负压筛;2—橡胶垫圈;3—控制板;4—微电机;
5—壳体;6—抽气口;7—负压表接口;8—喷气嘴

▶ 2.1.2 试验步骤

试验前所用试验筛应保持清洁,负压筛析仪和手工筛应保持干燥。试验时,80 μm 筛析试验称取试样 25 g,45 μm 筛析试验称取试样 10 g。

(1)负压筛析法

①筛析试验前,应把负压筛放在筛座上,盖上筛盖,接通电源,检查控制系统,调节负压至 4 000 ~ 6 000 Pa。

②称取试样(精确至 0.01 g),置于洁净的负压筛中,放在筛座上,接通电源,开动筛析仪连续筛析 2 min,在此期间如有试样附着在筛盖上,可轻轻地敲击筛盖使试样落下。筛毕,用天平称量全部筛余物。

(2)水筛法

①筛析试验前,应检查水中有无泥、砂,调整好水压及水筛的位置,使其能正常运转,并控制喷气嘴底面和筛网之间的距离为 35 ~ 75 mm。

②称取试样(精确至 0.01 g),置于洁净的水筛中,立即用淡水冲洗至大部分细粉通过后,放在水筛架上,用水压为(0.05±0.02)MPa 的喷头连续冲洗 3 min。筛毕,用少量水把筛余物冲至蒸发皿中,等水泥颗粒全部沉淀后,小心倒出清水,烘干并用天平称量全部筛余物。

(3)手工筛析法

①称取试样(精确至 0.01 g),倒入手工筛内。

②用一只手持筛往复摇动,另一只手轻轻拍打,往复摇动和拍打过程应保持手工筛近于水平。拍打速度约为 120 次/min,每 40 次向同一方向转动 60°,使试样均匀分布在筛网上,直至每分钟通过的试样量不超过 0.03 g 为止。称量全部筛余物。

▶ 2.1.3 水泥试验筛的标定方法

(1)标定操作

将标准样品装入干燥洁净的密闭广口瓶中,盖上盖子摇动 2 min,消除结块。静置 2 min 后,用一根干燥洁净的搅拌棒搅匀样品。称量标准样品(精确至 0.01 g),将标准样品倒进被标定试验筛,中途不得有任何损失。接着按2.1.2节所述步骤进行筛析试样操作。每个试验筛的标定应称取2个标准样品进行连续试验,中间不得插做其他样品试验。

（2）标定结果

2个样品结果的算术平均值为最终值,但当2个样品筛余结果相差大于0.3%时应称取第3个样品进行试验,并取2个接近的结果进行平均作为最终结果。

（3）修正系数计算

修正系数C按下式计算:

$$C = F_s / F_t$$

式中　F_s——标准样品的筛余标准值,%；

　　　F_t——标准样品在试验筛上的筛余值,%。

计算至精度为0.01。

（4）合格判定

①当C为0.80～1.20时,试验筛可继续使用,C可作为结果修正系数。

②当C超出0.80～1.20时,试验筛应予淘汰。

▶ **2.1.4　试验结果**

（1）计算

水泥试样筛余百分数F(%)按下式计算:

$$F = R_t / W \times 100\%$$

式中　R_t——水泥筛余物的质量,g；

　　　W——水泥试样的质量,g。

结果计算至0.1%。

（2）筛余结果的修正

试验筛的筛网会在试样中磨损,因此筛析结果应进行修正。修正的方法是将上述计算结果乘以该试验筛按2.1.3节标定后得到的有效修正系数。修正后的结果即为最终结果。

合格评定时,每个样品应称取2个试样分别筛析,取筛余平均值为筛析结果。若2次筛余结果的绝对误差大于0.5%（筛余值大于5.0%时可放宽至1.0%）,则再做一次试验,并取2次相近结果的算术平均值作为最终结果。

（3）试样结果

负压筛析法、水筛法和手工筛析法测定的结果不一致时,以负压筛析法为准。

2.2　水泥比表面积测定方法（勃氏法）

本方法主要根据一定量的空气通过具有一定空隙率和固定厚度的水泥层时,所受阻力不同而引起的流速的变化来测定水泥的比表面积。在一定空隙率的水泥层中,空隙的大小和数量是颗粒尺寸的函数,同时也决定了通过料层的气流速度。

▶ 2.2.1 主要试验设备

①Blaine 透气仪:由透气圆筒、U 形压力计、抽气装置等组成(图2.2)。

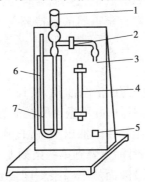

图 2.2 Blaine 透气仪

1—透气圆筒;2—活塞;3—电磁泵接口;4—温度计;5—开关;6—刻度板;7—U 形压力计

②滤纸:采用符合国家标准的中速定量滤纸。

③分析天平:分度值为 1 mg。

④秒表:精确至 0.5 s。

⑤烘干箱:控制温度灵敏度±1 ℃。

⑥水泥样品:先通过 0.9 mm 方孔筛,再在(110±5)℃下烘干 1 h,并在干燥器中冷却至室温。

注意试验室相对湿度不大于50%。

▶ 2.2.2 试验步骤

(1)测定水泥密度

按照《水泥密度测定方法》(GB/T 208—2014)测定水泥密度。

(2)漏气检查

将透气圆筒上口橡皮塞塞紧,接到 U 形压力计上,用抽气装置从压力计一臂中抽出部分气体,然后关闭阀门,观察是否漏气。若发现漏气,用活塞油脂加以密封。

(3)空隙率的确定

PⅠ、PⅡ型水泥的空隙率采用 0.500±0.005,其他水泥或粉料的空隙率选用 0.530±0.005。

(4)确定试样量

需要的试样量 m(g)按下式计算:

$$m = \rho V(1-\varepsilon)$$

式中 ρ——试样密度,g/cm³;

V——试料层体积,cm³;

ε——试料层空隙率。

(5)试样层制备

将穿孔板放至透气圆筒的凸缘上,用捣棒把一片滤纸放到穿孔板上,边缘放平并压紧。按计算好的量称取水泥,精确到 0.001 g,倒入圆筒。轻敲圆筒的边,使水泥层表面平坦。再放入一张滤纸,用捣器均匀捣实试样直至捣器的支持环与圆筒顶边接触,并旋转 1 ~ 2 周,慢慢取出捣器。

(6)透气试验

在圆筒下端锥形体部分,抹上一薄层活塞油脂,接到 U 形压力计上,旋转 1 ~ 2 周使圆筒与压力计严密接触,应保证严密、不漏气,并不振动所制备的试样层。

打开微型电磁泵,慢慢从压力计一臂中抽出空气,直到压力计内液面上升到扩大部下端时关闭阀门。当压力计内液体的凹月面下降到第一条刻度线时开始计时,当液体的凹月面下降到第二条刻度线时停止计时,记录液面从第一条刻度线到第二条刻度线所需的时间,以秒记录,并记下试验时的温度。每次透气试验都应重新制备试样层。

▶ 2.2.3 试验结果

当被测试样试验层密度、试样层空隙率与标准试样相同,试验温度与校准温度之差≤3 ℃时,比表面积 $S(\mathrm{cm^2/g})$ 按下式计算:

$$S = \frac{S_s\sqrt{T}}{\sqrt{T_s}}$$

式中 S_s——标准试样的比表面积,$\mathrm{cm^2/g}$;

   T——被测试样试验时,压力计中液面降落测得的时间,s;

   T_s——标准试样试验时,压力计中液面降落测得的时间,s。

当被测试样试样层密度与标准试样相同而空隙率与标准试样不同,试验温度与校准温度之差≤3 ℃时,比表面积按下式计算:

$$S = \frac{S_s\sqrt{T}(1-\varepsilon_s)\sqrt{\varepsilon^3}}{\sqrt{T_s}(1-\varepsilon)\sqrt{\varepsilon_s^3}}$$

式中 ε——被测试样试样层空隙率;

   ε_s——标准试样试样层空隙率。

当被测试样试样层密度和空隙率与标准样品均不同,试验温度与校准温度之差≤3 ℃时,比表面积按下式计算:

$$S = \frac{S_s\rho_s\sqrt{T}(1-\varepsilon_s)\sqrt{\varepsilon^3}}{\rho\sqrt{T_s}(1-\varepsilon)\sqrt{\varepsilon_s^3}}$$

式中 ρ——被测试样试样层密度,$\mathrm{g/cm^3}$;

   ρ_s——标准试样试样层密度,$\mathrm{g/cm^3}$。

水泥比表面积应由 2 次透气试验结果的平均值确定,如 2 次试验结果相差 2% 以上,应重新试验。计算结果保留至 10 $\mathrm{cm^2/g}$。

2.3 水泥标准稠度用水量测定

水泥标准稠度净浆对标准试杆（或试锥）的沉入有一定阻力。通过试验不同含水量水泥净浆的穿透性，可以确定水泥标准稠度净浆中所需加入的水量。

▶ 2.3.1 主要试验设备

①水泥净浆搅拌机。
②标准法维卡仪（图2.3）。

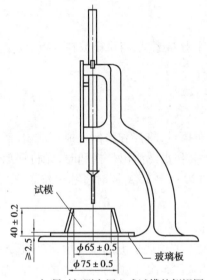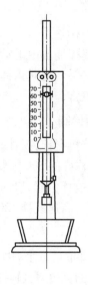

（a）初凝时间测定用立式试模的侧视图　　　（b）终凝时间测定用反转试模的前视图

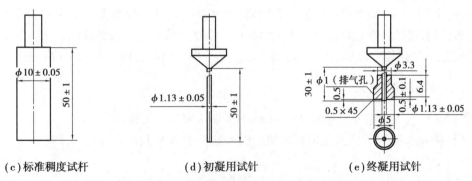

（c）标准稠度试杆　　　（d）初凝用试针　　　（e）终凝用试针

图2.3　测定标准稠度与凝结时间用维卡仪及配件示意图（单位：mm）

标准稠度试杆由有效长度为50 mm±1 mm、直径为10 mm±0.05 mm 的圆柱形耐腐蚀金属制成，其有效长度初凝用试针为50 mm±1 mm、终凝用试针为30 mm±1 mm，直径为1.13 mm±0.05 mm。锥体滑动部分的总质量为（300±1）g，与试杆、试针连接的滑动杆表面应光滑，能靠重力自由下落，不得有紧涩和旷动现象。

盛装水泥净浆的试模由耐腐蚀的、有足够硬度的金属制成。试模为深40 mm±0.2 mm、顶内径65 mm±0.5 mm、底内径75 mm±0.5 mm的截顶圆锥体。每个试模应配备一个边长或直径约100 mm、厚度4~5 mm的平板玻璃底板或金属底板。

③量筒或滴定管,精度±0.5 mL。

④天平,最大量程不小于1 000 g,分度值不大于1 g。

▶ 2.3.2 试验条件及步骤

(1)试验条件

试验室温度为(20±2)℃,相对湿度不低于50%。水泥试样、拌和水、仪器和用具的温度应与试验室温度一致。

(2)试验前准备工作

①维卡仪的金属棒能自由滑动,试模和玻璃底板用湿布擦拭,将试模放在底板上。

②调整试杆至接触玻璃时指针对准零点。

③搅拌机运行正常。

(3)水泥净浆的拌制

用水泥净浆搅拌机搅拌,搅拌锅和搅拌叶先用湿布擦过,将拌和水倒入搅拌锅内,然后在5~10 s内小心地将称好的500 g水泥加入水中,防止水和水泥溅出。拌和时,先将锅放在搅拌机的锅座上,升至搅拌位置,启动搅拌机,低速搅拌120 s,停15 s,同时将叶片和锅壁上的水泥浆刮入锅中间,接着高速搅拌120 s停机。

(4)测定步骤

拌和结束后,立即取适量水泥净浆一次性装入已置于玻璃底板上的试模中,浆体超过试模上端,用宽约25 mm的直边刀轻轻拍打超出试模部分的浆体5次,以排除浆体中的孔隙,然后在试模表面约1/3处,略倾斜试模,分别向外轻轻锯掉多余净浆,再从试模边沿轻抹顶部一次,使净浆表面光滑。在锯掉多余净浆和抹平的操作过程中,注意不要压实净浆;抹平后迅速将试模和底板移到维卡仪上,并将其中心定在试杆下,降低试杆直至与水泥净浆表面接触,拧紧螺丝1~2 s后,突然放松,使试杆垂直自由沉入水泥净浆中。在试杆停止沉入或释放试杆30 s时,记录试杆与底板之间的距离,升起试杆后,立即擦净。整个操作应在搅拌后1.5 min内完成。

▶ 2.3.3 试验结果

①以试杆沉入净浆并距底板(6±1)mm的水泥净浆为标准稠度净浆。

②其拌和水量 W 为该水泥的标准稠度用水量 P,按水质量的百分比计,即:

$$P = \frac{W}{500} \times 100\%$$

2.4 水泥凝结时间测定

凝结时间以试针沉入水泥标准稠度净浆至一定深度所需的时间表示。

▶ 2.4.1 主要试验设备

标准法维卡仪(图2.3)。

▶ 2.4.2 试验条件及步骤

(1)试验条件

①试验室温度为(20±2)℃,相对湿度不低于50%。
②湿气养护箱的温度为(20±1)℃,相对湿度不低于90%。

(2)试验前准备工作

调整凝结时间测定仪的试针至接触玻璃板时指针对准零点。

(3)试件的制备

以标准稠度用水量检验方法制成标准稠度净浆,按标准稠度用水量检验方法装模和刮平后,立即放入湿气养护箱中。记录水泥全部加入水中的时间并作为凝结的起始时间。

(4)初凝时间的测定

试件在湿气养护箱中养护至加水后30 min时进行第一次测定。测定时,从湿气养护箱中取出试模放至试针下,减少试针与水泥净浆表面的接触。拧紧螺丝1~2 s后,突然放松,使试针垂直自由沉入水泥净浆。观察试针停止下沉或释放试针30 s时指针的读数。临近初凝时间时每隔5 min(或更短时间)测定一次,当试针沉至距底板(4±1)mm时,水泥达到初凝状态。从水泥全部加入水中至达到初凝状态的时间为水泥的初凝时间,用"min"表示。

(5)终凝时间的测定

为了准确观测试针沉入的状态,在终凝针上安装一个环形附件[图2.3(e)]。在完成初凝时间测定后,立即将试模连同浆体以平移的方式从玻璃板上取下,翻转180°,直径大端向上、小端向下放在玻璃板上,再放入湿气养护箱中继续养护,临近终凝时间时每隔15 min(或更短时间)测定一次,当试针沉入试体0.5 mm,即环形附件开始不能在试体上留下痕迹时,水泥达到终凝状态。从水泥全部加入水中至达到终凝状态的时间为水泥的终凝时间,用"min"表示。

测定时应注意,在最初测定时应轻轻扶住金属柱,使其徐徐下降,以防试针撞弯,但结果以自由下落为准;在整个测试过程中试针沉入的位置至少要距试模内壁10 mm。临近初凝时,每隔5 min(或更短时间)测定一次,临近终凝时每隔15 min(或更短时间)测定一次。达到初凝时应立即重复测一次,当两次结论相同时才能定为达到初凝状态。达到终凝时,须在试件另外两个不同点测试,两次结论相同才能确定达到终凝状态。每次测定不能让试针落入原针孔,每次测试完毕需将试针擦拭干净并将试模放回湿气养护箱内,整个测试过程要防止试模受振。

2.5 水泥安定性测定(标准法)

雷氏法是通过测定水泥标准稠度净浆在雷氏夹中煮沸后试针的相对位移表征其体积膨

胀的程度。

▶ 2.5.1　主要试验设备

①沸煮箱。能在(30±5)min 内将箱内的试验用水由室温煮至沸腾,并可保持沸腾状态 3 h 以上,整个试验过程中不需要补充水。

②雷氏夹。由铜质材料制成,其结构如图 2.4 所示。将一根指针的根部先悬挂在一根金属丝或尼龙丝上,再在另一根指针的根部挂上 300 g 的砝码,此时两根指针的针尖距离增加 (17.5±2.5)mm,当去掉砝码后针尖的距离能恢复到挂砝码前的状态。

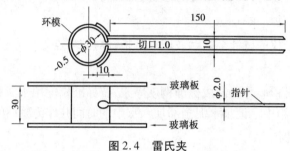

图 2.4　雷氏夹

③雷氏夹膨胀值测定仪(图 2.5)。其标尺最小刻度为 1mm。

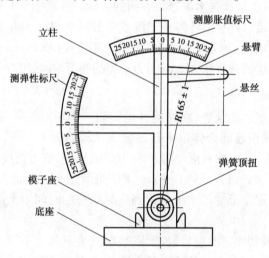

图 2.5　雷氏夹膨胀值测定仪

▶ 2.5.2　试验条件及步骤

(1)试验条件

试验室温度为(20±2)℃,相对湿度不低于 50%。

(2)试验前准备工作

每个试样需成型 2 个试件,每个雷氏夹需配备 2 个边长或直径约 80 mm、厚度 4 ~ 5 mm 的玻璃板,凡与水泥净浆接触的玻璃板和雷氏夹内表面均要稍稍涂上一层油。

(3)雷氏夹试件的成型

将预先准备好的雷氏夹放在已稍涂油的玻璃板上,并立即将已制好的标准稠度净浆一次装满雷氏夹,装浆时一只手轻轻扶住雷氏夹,另一只手用宽约 25 mm 的直边刀在浆体表面轻轻插捣 3 次,然后抹平,盖上稍涂油的玻璃板,接着立即将试件移至湿气养护箱内养护(24±2)h。

(4)煮沸

①调整好沸煮箱内的水位,使水位在整个煮沸过程中都高过试件,不需要中途添补试验用水,同时又能保证在(30±5)min 内煮至沸腾。

②脱去玻璃板取下试件,先测量雷氏夹指针尖端的距离(A),精确到 0.5 mm,接着将试件放入沸煮箱水中的试件架上,指针朝上,然后在(30±5)min 内加热至沸腾并恒沸(180±5)min。

(5)结果判别

沸煮结束后,立即放掉沸煮箱中的热水,打开箱盖,待箱体冷却至室温,取出试件进行判别。测量雷氏夹指针尖端的距离(L),准确到 0.5 mm,当 2 个试件煮后增加距离($L-A$)的平均值不大于 5.0 mm 时,即认为该水泥安定性合格;当 2 个试件煮后增加距离($L-A$)的平均值大于 5.0 mm 时,应用同一样品立即重做一次试验,以复检结果为准。若结果仍然大于 5.0 mm,则认为该水泥安定性不合格。

2.6 水泥安定性测定(代用法)

试饼法是通过观测水泥标准稠度净浆试饼煮沸后的外形变化情况表征其体积安定性。

▶ 2.6.1 主要试验设备

沸煮箱。能在(30±5)min 内将箱内的试验用水由室温煮至沸腾,并可保持沸腾状态 3 h以上,整个试验过程中不需要补充水。

▶ 2.6.2 试验条件及步骤

(1)试验条件

试验室温度为(20±2)℃,相对湿度不低于 50%。

(2)试验前准备工作

每个样品需准备 2 块边长约 100 mm 的玻璃板,凡与水泥净浆接触的玻璃板都要稍稍涂上一层油。

(3)试饼的成形方法

将制好的标准稠度净浆取出一部分分成 2 等份,使之呈球形,放在预先准备好的玻璃板上,轻轻振动玻璃板并用湿布擦过的小刀由边缘向中央抹动,做成直径 70 ~ 80 mm、中心厚约10 mm、边缘渐薄、表面光滑的试饼,接着将试饼放入湿气养护箱内养护(24±2)h。

(4)煮沸

①步骤同标准法。

②脱去玻璃板取下试件,在试饼无缺陷的情况下将试饼放在沸煮箱的水中算板上,在

(30±5)min 内将水加热至沸腾并恒沸(180±5)min。

(5)结果判别

煮沸后,立即放掉箱中的热水,打开箱盖,待箱体冷却至室温,取出试件进行判别。目测试饼未发现裂缝,用钢直尺检查也没有弯曲(使钢直尺和试饼底部紧靠,以两者间不透光为不弯曲)的试饼安定性合格,反之则不合格。当两个试饼判别结果有矛盾时,该水泥的安定性为不合格。

2.7 水泥胶砂强度检验(ISO法)

▶ 2.7.1 方法概要

①本方法为 40 mm×40 mm×160 mm 棱柱试体的水泥抗压强度和抗折强度测定。

②试体由按质量计的 1 份水泥、3 份中国 ISO 标准砂,以及用一组 0.5 的水胶比拌制的塑性胶砂制成。

③胶砂用行星搅拌机搅拌,在振实台上成型。

④试体连模一起在湿气中养护 24 h,然后脱模,在水中养护至强度试验。

⑤到试验龄期时将试体从水中取出,先进行抗折强度试验,折断后再每段进行抗压强度试验。

▶ 2.7.2 主要试验设备

①行星搅拌机,应符合《行星式水泥胶砂搅拌机》(JC/T 681—2022)的要求。

②试模,由 3 个水平试模槽组成,可同时成型 3 条截面为 40 mm×40 mm×160 mm 的棱柱试体,其材质和尺寸应符合《水泥胶砂试模》(JC/T 726—2005)的要求。成型操作时,应在试模上加一个壁高 20 mm 的金属模套,当从上往下看时,模套壁与试模内壁应该重叠,超出内壁不应大于 1 mm。

③布料器,长短各一个。

④刮平金属直边尺,一块。

⑤振实台,应符合《水泥胶砂试体成型振实台》(JC/T 682—2022)的要求。振实台应安装在高度约 400 mm 的混凝土基座上。混凝土体积约为 0.25 m³,重约 500 kg。

⑥抗折强度试验机,应符合《水泥胶砂电动抗折试验机》(JC/T 724—2005)的要求。

⑦抗压强度试验机,应符合《水泥胶砂强度自动压力试验机》(JC/T 960—2022)的要求。

⑧抗压夹具,应符合《40 mm×40 mm 水泥抗压夹具》(JC/T 683—2005)的要求,受压面积为 40 mm×40 mm。

▶ 2.7.3 试验条件及步骤

(1)试验条件

①试体成型试验室的温度应保持在(20±2)℃,相对湿度应不低于 50%。试验室温度和

相对湿度在工作期间每天至少记录1次。

②试体带模养护的养护箱或雾室温度保持在(20±1)℃,相对湿度应不低于90%。养护箱的温度和湿度在工作期间至少每4 h记录1次。在自动控制的情况下记录次数可以酌减至每天2次。

③试体养护水温度应保持在(20±1)℃。养护箱的温度和湿度在工作期间至少每4 h记录1次。在自动控制的情况下记录次数可以酌减至每天2次。

(2)胶砂的制备

①配合比:水泥(450±2)g、标准砂(1350±5)g、水(225±1)g。

②配料。水泥、砂、水和试验用具的温度与试验室相同,称量用的天平精度应为1 g。当用自动滴管加225 mL水时,滴管精度应达到1 mL。

③搅拌。每锅胶砂用搅拌机进行机械搅拌。先使搅拌机处于待工作状态,然后按以下程序进行操作:

把水加入锅里,再加入水泥,把锅放在固定架上,上升至工作位置。然后立即开动机器,低速搅拌(30±1)s后,在第二个(30±1)s开始的同时均匀地将砂子加入。把机器转至高速再拌(30±1)s。停拌90 s,在第一个(15±1)s内用一胶皮刮具将叶片和锅壁上的胶砂刮入锅中间,在高转速下继续搅拌(60±1)s。

(3)试件的制备

①制备40 mm×40 mm×160 mm的棱柱体。

②成型:胶砂制备后立即进行成型。将空试模和模套固定在振实台上,用一个勺子直接从搅拌锅里将胶砂分2层装入试模。装第一层时,每个槽里约放300 g胶砂,先用料勺沿试模长度方向划动胶砂以布满模槽,把大播料器垂直架在模套顶部沿每个模槽来回移动一次将料层播平,接着振实60次;再装入第二层胶砂,用小播料器播平,再振实60次。移走模套,从振实台上取下试模,用刮平金属直边尺以近似90°的角度架在试模模顶的一端,沿试模长度方向以横向锯割动作慢慢向另一端移动,一次将高过试模部分的胶砂刮去,并用同一刮平金属直边尺以近乎水平的角度将试体表面抹平。

③在试模上作标志或加字条标明试件编号和试件相对于振实台的位置。

(4)试件的养护

①脱模前的处理和养护。在试模上盖一块玻璃板,也可用相似尺寸的钢板或不渗水的、和水泥没有反应的材料制成的板。盖板不应与水泥胶砂接触,盖板与试模之间的距离应控制在2~3 mm。为了安全,玻璃板应有磨边。

立即将做好标记的试模放入养护室或湿箱的水平架子上养护,湿空气应能与试模各边接触。养护时不应将试模放在其他试模上。一直养护到规定的脱模时间取出脱模。

②脱模。脱模应非常小心。脱模时可以使用橡皮锤或脱模器。对于24 h龄期的,应在试验前20 min内脱模。对于24 h以上龄期的,应在成型后20~24 h脱模。如经24 h养护,因脱模对强度造成损害时,可以延迟至24 h以后脱模,但在试验报告中应予说明。已确定作为24 h龄期试验(或其他不下水直接做试验)的已脱模试体,应用湿布覆盖至做试验时。

③水中养护。将做好标记的试件立即水平或竖直放在(20±1)℃水中养护,水平放置时刮平面应朝上。试件放在不易腐烂的箅子上,并在彼此之间保持一定间距,以便水与试件的6

个面接触。养护期间试件间隔或试体上表面的水深不得小于 5 mm。每个养护池只养护同类型的水泥试件。

最初用自来水装满养护池(或容器),随后随时加水保持适当的恒定水位。在养护期间,可以更换不超过 50% 的水。除 24 h 龄期或延迟至 48 h 脱模的试体外,任何到龄期的试体应在试验(破型)前 15 min 从水中取出。揩去试体表面沉积物,并用湿布覆盖至试验时。

(5)强度试验试体的龄期

试体龄期从水泥加水搅拌开始试验时算起。不同龄期强度试验在下列时间内进行:

- 24 h±15 min;
- 48 h±30 min;
- 72 h±45 min;
- 7 d±2 h;
- >28 d±8 h。

(6)强度试验

用水泥抗折试验机以中心加荷法测定抗折强度。在折断后的棱柱体上进行抗压试验,受压面是试体成型时的两个侧面,面积为 40 mm×40 mm。

①抗折强度测定。将试体的一个侧面放在试验机支撑圆柱上,试体长轴垂直于支撑圆柱,通过加荷圆柱以(50±10)N/s 的速率均匀地将荷载垂直地加在棱柱体相对侧面上,直至折断。

保持 2 个半截棱柱体处于潮湿状态直至抗压试验。

抗折强度 R_f(MPa)按下式进行计算:

$$R_f = \frac{1.5F_f L}{b^3}$$

式中　F_f——折断时施加于棱柱体中部的荷载,N;

　　　L——支撑圆柱之间的距离,mm;

　　　b——棱柱体正方形截面的边长,mm。

②抗压强度试验。抗压强度试验通过压力试验机,在半截棱柱体的侧面上进行。半截棱柱体中心与压力机压板受压中心差应在±0.5 mm 内,棱柱体露在压板外的部分约为 10 mm。

在整个加荷过程中以(2 400±200)N/s 的速率均匀地加荷直至破坏。

抗压强度 R_c(MPa)按下式进行计算:

$$R_c = \frac{F_c}{A}$$

式中　F_c——破坏时的最大荷载,N;

　　　A——受压部分面积,mm^2。

③试样结果:

a. 抗折强度:以一组 3 个棱柱体抗折结果的平均值作为试验结果。当 3 个强度值中有超出平均值±10% 的,应剔除后再取平均值作为抗折强度试验结果。

b. 抗压强度:以一组 3 个棱柱体上得到的 6 个抗压强度测定值的算术平均值为试验结果。如 6 个测定值中有一个超出平均值的±10%,就应剔除这个结果,而以剩下的 5 个测定值的算术平均值为结果。如果5个测定值中再有超过平均值±10%的,则此组结果作废。

　　c.试验结果的计算:各试体的抗折强度记录至0.1 MPa,平均值计算精确至0.1 MPa。各个半棱柱体得到的单个抗压强度结果计算至0.1 MPa,平均值计算精确至0.1 MPa。

2.8　水泥物理技术要求(通用硅酸盐水泥)

　　通用硅酸盐水泥是指用硅酸盐水泥熟料和适量的石膏及规定的混合材料制成的水硬性胶凝材料。通用硅酸盐水泥根据混合材料的品种和掺加量分为硅酸盐水泥、普通硅酸盐水泥、矿渣硅酸盐水泥、火山灰硅酸盐水泥、粉煤灰硅酸盐水泥和复合硅酸盐水泥。

▶　2.8.1　凝结时间

　　硅酸盐水泥初凝时间不小于45 min,终凝时间不大于390 min。普通硅酸盐水泥、矿渣硅酸盐水泥、火山灰硅酸盐水泥、粉煤灰硅酸盐水泥、复合硅酸盐水泥初凝时间不小于45 min,终凝时间不大于600 min。

▶　2.8.2　安定性

　　通过沸煮法试验测定合格则表示水泥安定性合格。

▶　2.8.3　强度

　　不同品种、不同强度等级的通用硅酸盐水泥,其不同龄期的强度应符合表2.1的规定。

表2.1　水泥强度要求(单位: MPa)

品种	强度等级	抗压强度		抗折强度	
		3d	28d	3d	28d
硅酸盐水泥	42.5	≥17.0	≥42.5	≥3.5	≥6.5
	42.5R	≥22.0		≥4.0	
	52.5	≥23.0	≥52.5	≥4.0	≥7.0
	52.5R	≥27.0		≥5.0	
	62.5	≥28.0	≥62.5	≥5.0	≥8.0
	62.5R	≥32.0		≥5.5	
普通硅酸盐水泥	42.5	≥17.0	≥42.5	≥3.5	≥6.5
	42.5R	≥22.0		≥4.0	
	52.5	≥23.0	≥52.5	≥4.0	≥7.0
	52.5R	≥27.0		≥5.0	

续表

品种	强度等级	抗压强度		抗折强度	
		3d	28d	3d	28d
矿渣硅酸盐水泥、 火山灰硅酸盐水泥、 粉煤灰硅酸盐水泥、 复合硅酸盐水泥	32.5	≥10.0	≥32.5	≥2.5	≥5.5
	32.5R	≥15.0		≥3.5	
	42.5	≥15.0	≥42.5	≥3.5	≥6.5
	42.5R	≥19.0		≥4.0	
	52.5	≥21.0	≥52.5	≥4.0	≥7.0
	52.5R	≥23.0		≥4.5	

▶ **2.8.4 细度**

硅酸盐水泥和普通硅酸盐水泥的细度以比表面积表示,不小于 $300\ m^2/kg$;矿渣硅酸盐水泥、火山灰质硅酸盐水泥、粉煤灰硅酸盐水泥和复合硅酸盐水泥的细度以筛余表示,80 μm 方孔筛筛余不大于10%或 45 μm 方孔筛筛余不大于30%。

思考题

1. 水泥细度对水泥其他性能有什么影响?
2. 测定水泥的凝结时间时,为何采用标准稠度水泥净浆?
3. 什么叫水泥安定性? 水泥加水煮沸的作用何在?
4. 安定性试饼的尺寸和形状如何? 安定性不合格的表现是什么?
5. 测定水泥胶砂强度时,为何不用普通砂而用标准砂?
6. 水泥胶砂强度试件如何养护?
7. 在做水泥胶砂抗压试验时,成型面为何不能作为受压面?
8. 如何确定水泥强度等级? 影响水泥强度的主要因素有哪些?

3

混凝土用砂、石骨料试验

通过本章的学习,要求掌握测定砂、石材料基本物理力学指标的试验方法,评定其质量,为水泥混凝土配合比设计提供原材料参数;熟悉粗细骨料试验的各种仪器和设备。

本章引用的标准有:《普通混凝土用砂、石质量及检验方法标准(附条文说明)》(JGJ 52—2006)。

3.1 砂、石质量要求

▶ 3.1.1 砂的质量要求

①砂的粗细程度按细度模数 μ_f 分为粗、中、细、特细4级,其范围应符合以下规定:

粗砂:$\mu_f = 3.1 \sim 3.7$;

中砂:$\mu_f = 2.3 \sim 3.0$;

细砂:$\mu_f = 1.6 \sim 2.2$;

特细砂:$\mu_f = 0.7 \sim 1.5$。

②砂筛应采用方孔筛。砂的公称粒径、砂筛筛孔的公称直径和方孔筛筛孔边长应符合表3.1的规定。

表 3.1 砂的公称粒径、砂筛筛孔的公称直径和方孔筛筛孔边长

砂的公称粒径	砂筛筛孔的公称直径	方孔筛筛孔边长
5.00 mm	5.00 mm	4.75 mm
2.50 mm	2.50 mm	2.35 mm
1.25 mm	1.25 mm	1.18 mm
630 μm	630 μm	600 μm
315 μm	315 μm	300 μm

续表

砂的公称粒径	砂筛筛孔的公称直径	方孔筛筛孔边长
160 μm	160 μm	150 μm
80 μm	80 μm	75 μm

除特细砂外,砂的颗粒级配可按公称直径630 μm筛孔的累计筛余量(以质量百分率计,下同)分成3个级配区(表3.2),且砂的颗粒级配应处于表3.2中的某一区内。

表3.2　砂颗粒级配区

公称粒径	累计筛余/%		
	Ⅰ区	Ⅱ区	Ⅲ区
5.00 mm	0 ~ 10	0 ~ 10	0 ~ 10
2.50 mm	5 ~ 35	0 ~ 25	15 ~ 0
1.25 mm	35 ~ 65	10 ~ 50	25 ~ 0
630 μm	71 ~ 85	41 ~ 70	16 ~ 40
315 μm	80 ~ 95	70 ~ 92	55 ~ 85
160 μm	90 ~ 100	90 ~ 100	90 ~ 100

砂的实际颗粒级配与表3.2中的累计筛余相比,除公称粒径为5.00 mm和630 μm的累计筛余外,其余公称粒径的累计筛余可稍微超出规定值,但总超出量不应大于5%。

当天然砂的实际颗粒级配不符合要求时,宜采取相应的技术措施,并经试验证明能确保混凝土质量后,方允许使用。

配制混凝土时宜优先选用Ⅱ区砂。当采用Ⅰ区砂时,应提高砂率,并保持足够的水泥用量,满足混凝土的和易性;当采用Ⅲ区砂时,宜适当降低砂率;当采用特细砂时,应符合相应的规定。

配制泵送混凝土,宜选用Ⅱ区砂。

③天然砂中含泥量应符合表3.3的规定。

表3.3　天然砂中含泥量

混凝土强度等级	≥C60	C30 ~ C55	≤C25
含泥量(按质量计)/%	≤2.0	≤3.0	≤5.0

对有抗冻、抗渗或其他特殊要求的、强度等级≤C25的混凝土用砂,含泥量应不大于3.0%。

④砂中的泥块含量应符合表3.4的规定。

对于有抗冻、抗渗或其他特殊要求的强度等级≤C25的混凝土用砂,其泥块含量应不大于1.0%。

表 3.4　砂中的泥块含量

混凝土强度等级	≥C60	C30 ~ C55	≤C25
含泥量（按质量计）/%	≤0.5	≤1.0	≤2.0

⑤人工砂或混合砂中石粉含量应符合表 3.5 的规定。

表 3.5　人工砂或混合砂中的石粉含量

混凝土强度等级		≥C60	C30 ~ C55	≤C25
石粉含量（按质量计）/%	MB<1.4（合格）	≤5.0	≤7.0	≤10.0
	MB≥1.4（不合格）	≤2.0	≤3.0	≤5.0

⑥砂中氯离子含量应符合下列规定：

a. 对于钢筋混凝土用砂,氯离子含量不得大于 0.06%（以干砂的质量百分比计）；

b. 对于预应力混凝土用砂,氯离子含量不得大于 0.02%（以干砂的质量百分比计）。

▶ 3.1.2　石的质量要求

①石筛应采用方孔筛。石的公称粒径、石筛筛孔的公称直径及方孔筛筛孔边长应符合表 3.6 的规定。

表 3.6　石的公称粒径、石筛筛孔的公称直径及方孔筛筛孔边长

石的公称粒径/mm	石筛筛孔的公称直径/mm	方孔筛筛孔边长/mm
2.50	2.50	2.36
5.00	5.00	4.75
10.0	10.0	9.5
16.0	16.0	16.0
20.0	20.0	19.0
25.0	25.0	26.5
31.5	31.5	31.5
40.0	40.0	37.5
50.0	50.0	53.0
63.0	63.0	63.0
80.0	80.0	75.0
100.0	100.0	90.0

碎石或卵石的颗粒级配应符合表 3.7 的要求。混凝土用石应采用连续粒级的碎石和卵石。单粒级宜用于组合成满足要求级配的连续粒级,也可与连续粒级混合使用,以改善其级配或配成较大粒度的连续粒级。当卵石的颗粒级配不符合表 3.7 的要求时,应采取措施并经试验证实其能确保工程质量后,方允许使用。

表 3.7　碎石或卵石的颗粒级配范围

级配情况	公称粒级/mm	方孔筛筛孔尺寸/mm											
		2.36	4.75	9.5	16.0	19.0	26.5	31.5	37.5	53.0	63.0	75.0	90
		累计筛余(按质量计)/%											
连续粒级	5~10	95~100	80~100	0~15	0	—	—						
	5~16	95~100	85~100	30~60	0~10	0	—						
	5~20	95~100	90~100	40~80	—	0~10	0	—					
	5~25	95~100	90~100	—	30~70	—	0~5	0	—				
	5~31.5	95~100	90~100	70~90	—	15~45	—	0~5	0	—			
	5~40	—	95~100	70~90	—	30~65	—	—	0~5	0	—		
单粒级	10~20	—	95~100	85~100	—	0~15	0	—					
	16~31.5	—	95~100	—	85~100	—	—	0~10	0	—			
	20~40	—	—	95~100	—	80~100	—	—	0~10	0	—		
	31.5~63	—	—	—	95~100	—	—	75~100	45~75	—	0~10	0	—
	40~80	—	—	—	—	95~100	—	—	70~100	—	30~60	0~10	0

②碎石或卵石中针、片状颗粒含量应符合表 3.8 的规定。

表 3.8　针、片状颗粒含量

混凝土强度等级	≥C60	C30~C55	≤C25
针、片状颗粒含量(按质量计)/%	≤8	≤15	≤25

③碎石或卵石中的含泥量应符合表 3.9 的规定。

表 3.9　碎石或卵石中的含泥量

混凝土强度等级	≥C60	C30~C55	≤C25
含泥量(按质量计)/%	≤0.5	≤1.0	≤2.0

对于有抗冻、抗渗或其他特殊要求的混凝土,其所用碎石或卵石的含泥量应不大于1.0%。当碎石或卵石的泥是非黏土质的石粉时,其含泥量可由表 3.9 的 0.5%,1.0%,2.0%,分别提高到 1.0%,1.5%,3.0%。

④碎石或卵石中的泥块含量应符合表 3.10 的规定。

表 3.10　碎石或卵石中的泥块含量

混凝土强度等级	≥C60	C30~C55	≤C25
泥块含量(按质量计)/%	≤0.2	≤0.5	≤0.7

对于有抗冻、抗渗和其他特殊要求的、强度等级<C30 的混凝土,其所用碎石或卵石的泥

块含量应不大于 0.5%。

⑤碎石的强度可用岩石的抗压强度和压碎值指标表示。岩石的抗压强度应比所配制的混凝土强度至少高 20%。当混凝土强度等级≥C60 时,应进行岩石抗压强度检验。岩石的强度首先应由生产单位提供,工程中可采用压碎值指标进行质量控制。

碎石的压碎值指标宜符合表 3.11 的规定。

表 3.11　碎石的压碎值指标

岩石品种	混凝土强度等级	碎石压碎值指标/%
沉积岩	C40 ~ C60	≤10
	≤C35	≤16
变质岩或深成的火成岩	C40 ~ C60	≤12
	≤C35	≤20
喷出的火成岩	C40 ~ C60	≤13
	≤C35	≤30

注:沉积岩包括石灰岩、砂岩等;变质岩包括片麻岩、石英岩等;深成的火成岩包括花岗岩、正长岩、闪长岩和橄榄岩等;喷出的火成岩包括玄武岩和辉绿岩等。

卵石的强度用压碎值指标表示。卵石的压碎值指标宜符合表 3.12 的规定。

表 3.12　卵石的压碎指标值

混凝土强度等级	C40 ~ C60	≤C35
压碎指标值/%	≤12	≤16

3.2　取样与缩分

▶ 3.2.1　取样

在料堆上取样时,取样部位应均匀分布。取样前先将取样部位表层除去,然后从不同部位抽取大致等量的砂 8 份或石子 16 份。在皮带运输机或车船上取样需符合相关标准的规定。

砂石单项试验的最小取样数量应按《普通混凝土用砂、石质量及检验方法标准》(JGJ 52—2006)的规定进行,部分单项试验的最小取样数量见表 3.13 和表 3.14。

表 3.13　部分单项砂试验的最小取样量　　　　　　　　　　单位:kg

试验项目	筛分析	表观密度	堆积密度与空隙率	含水率	含泥量	泥块含量	石粉含量	氯离子含量
最小取样量	4.4	2.6	5.0	1.0	4.4	20	1.6	2.0

表3.14 部分单项石子试验的最小取样量　　　　　　　　　单位:kg

试验项目	最大粒径/mm							
	10.0	16.0	20.0	25.0	31.5	40.0	63.0	80
筛分析	8	15	16	20	25	32	50	64
含泥量	8	8	24	24	40	40	80	80
泥块含量	8	8	24	24	40	40	80	80
针、片状颗粒含量	1.2	4.0	8.0	12	20	40	—	—
表观密度	8	8	8	8	12	16	24	24
堆积密度、紧密密度	40	40	40	40	80	80	120	120
含水率	2	2	2	2	3	3	4	6

▶ 3.2.2　试样的缩分

(1)分料器法

将样品在潮湿状态下拌和均匀,然后通过分料器,取接料斗中的其中一份再次通过分料器。重复上述过程,直至把样品缩分到试验所需量为止。

(2)人工四分法

砂人工四分法缩分:将所取每组样品置于平板上,在潮湿状态下拌和均匀,并堆成厚度约为20 mm的圆饼状。然后沿互相垂直的两条直径把样品分成大致相等的4份,取其对角的2份重新拌匀,再堆成圆饼状。重复上述过程,直至缩分后的材料量略多于进行试验所必需的量为止。

碎石或卵石人工四分法缩分:将样品置于平板上,在自然状态下拌和均匀,并堆成锥体,然后沿相互垂直的2条直径把锥体分成大致相等的4份,取其对角的2份重新拌匀,再堆成锥体。重复上述过程,直至把样品缩分到试验所需量为止。

堆积密度、紧密密度、含水量试验可不经缩分,在拌匀后直接进行试验。

3.3　砂的筛分析试验

▶ 3.3.1　主要仪器设备

①试验筛:试验用筛孔径为9.0 mm,4.75 mm,2.36 mm,1.18 mm,0.60 mm,0.30 mm,0.15 mm的方孔筛,以及筛的底盘和盖各一个。

②天平:称量1 000 g,感量1 g。

③摇筛机。

④烘箱:温度能控制在(105±5)℃。

⑤浅盘和硬、软毛刷等。

3.3.2 试验步骤

用于筛分析的试样,颗粒粒径不应大于 10 mm。试验前应先将来样通过公称直径 10 mm 的方孔筛,并算出筛余百分率。然后称取每份不少于 550 g 的试样 2 份,分别倒入 2 个浅盘中,在(105±5)℃的温度下烘干到恒重。冷却至室温备用。

准确称取、烘干试样 500g,置于按筛孔大小顺序排列(大孔在上、小孔在下)的套筛的最上一只筛(公称直径为 5 mm 方孔筛)上;将套筛装入摇筛机内紧固,筛分时间 10 min 左右;然后取出套筛,再按筛孔大小顺序,在清洁的浅盘上逐个进行手筛,直至每分钟的筛出量不超过试样总量的 0.1% 为止;通过的颗粒并入下一个筛,并和下一个筛中的试样一起进行手筛,按这种顺序进行,直至每个筛全部筛完为止。

称取各筛筛余试样的质量(精确至 1 g),所有筛的分计筛余量和底盘中剩余量的总和与筛分前的试样总量相比,相差不得超过 1%。

3.3.3 试验结果

①计算分计筛余(各筛上的筛余量除以试样总量的百分率),精确至 0.1%。
②计算累计筛余(该筛上的分计筛余与筛孔大于该筛的各筛的分计筛余之和),精确至 0.1%。
③根据各筛两次试验累计筛余的平均值,评定该试样的颗粒级配分布情况,精确至 1%。
④砂的细度模数 μ_f 按下式计算,精确至 0.01:

$$\mu_f = \frac{(\beta_2 + \beta_3 + \beta_4 + \beta_5 + \beta_6) - 5\beta_1}{100 - \beta_1}$$

式中 $\beta_1, \beta_2, \beta_3, \beta_4, \beta_5, \beta_6$ 分别表示公称直径为 5.00 mm,2.50 mm,1.25 mm,630 μm,315 μm,160 μm 的方孔筛上的累计筛余。

细度模数以两次试验结果的算术平均值为测定值,精确至 0.1。若两次试验所得的细度模数之差大于 0.20,则应重新取试样进行试验。

3.4 砂的表观密度试验(标准法)

3.4.1 主要仪器设备

①天平:称量 1 000 g,感量 1 g。
②容量瓶:容积 500 mL。
③干燥器、浅盘、铝制料勺、温度计等。
④烘箱:温度能控制在(105±5)℃。

3.4.2 试验步骤

①将缩分至 650 g 左右的试样在温度为(105±5)℃的烘箱中烘干至恒重,并在干燥器内冷却至室温。

②称取烘干的试样 300 g(m_0),装入盛有半瓶冷开水的容量瓶中。

③摇转容量瓶,使试样在水中充分搅动以排除气泡,塞紧瓶塞,静置 24 h 左右;然后用滴管加水至瓶颈刻度线处,再塞紧瓶塞,擦干容量瓶外壁的水分,称其质量(m_1)。

④倒出容量瓶中的水和试样,将瓶的内外壁洗净,再向瓶内注入与第③步用水水温相差不超过 2 ℃的冷开水至瓶颈刻度线处。塞紧瓶塞,擦干容量瓶外壁水分,称其质量(m_2)。

在砂的表观密度试验过程中应测量并控制水的温度,试验的各项称量可以在 15~25 ℃范围内进行,从试样加水静置的最后 2 h 起至试验结束,其温度相差不应超过 2 ℃。

▶ 3.4.3　试验结果

表观密度 ρ(标准法)(kg/m³)应按下式计算(精确至 10 kg/m³):

$$\rho = \left(\frac{m_0}{m_0 + m_2 - m_1} - \alpha_t \right) \times 1\,000$$

式中　m_0——试样的烘干质量,g;

m_1——试样、水及容量瓶总质量,g;

m_2——水及容量瓶总质量,g;

α_t——水温对砂的表观密度影响的修正系数,见表 3.15。

表 3.15　不同水温对砂和石的表观密度影响的修正系数

水温/℃	15	16	17	18	19	20
α_t	0.002	0.003	0.003	0.004	0.004	0.005
水温/℃	21	22	23	24	25	—
α_t	0.005	0.006	0.006	0.007	0.008	—

以两次测定结果的算术平均值作为测定值。当两次结果之差大于 20 kg/m³ 时,应重新取样进行试验。

3.5　砂的堆积密度和紧密密度试验

▶ 3.5.1　主要仪器设备

①秤:称量 5 000 g,感量 5 g。

②容量筒:金属制、圆柱形,内径 108 mm、净高 109 mm、筒壁厚 2 mm、筒底厚为 5 mm,容积约为 1 L。

③漏斗或铝制料勺。

④烘箱:温度能控制在(105±5)℃。

⑤直尺、浅盘等。

▶ 3.5.2　试验步骤

先用公称直径为 5 mm 的筛子过筛,然后取经缩分后的样品不少于 3 L,装入浅盆,在温度为(105±5)℃的烘箱中烘干至恒重,取出并冷却至室温,分成大致相等的2份备用。试样烘干后若有结块,应在试验前先捏碎。

(1)堆积密度

取试样一份,用漏斗或铝制料勺将其徐徐装入容量筒(漏斗出料口或料勺距容量筒筒口不应超过50 mm),直至试样装满并超出容量筒筒口。然后用直尺将多余的试样沿筒口中心线向2个相反方向刮平,称其质量(m_2)。

(2)紧密密度

取试样1份,分两层装入容量筒。装完第一层后,在筒底垫放一根直径为10 mm的钢筋,将筒按住,左右交替颠击地面各25下;然后再装入第二层,第二层装满后用同样的方法颠实(但筒底垫钢筋的方向应与第一层放置方向垂直);第二层装完并颠实后,加料直至试样超出容量筒筒口,然后用直尺将多余的试样沿筒口中心线向2个相反方向刮平,称其质量(m_2)。

▶ 3.5.3 试验结果

堆积密度 ρ_L(kg/m^3)及紧密密度 ρ_c(kg/m^3)按下式计算(精确至10 kg/m^3):

$$\rho_L(\rho_c) = \frac{m_2 - m_1}{V} \times 1\ 000$$

式中　m_1——容量筒的质量,kg;

　　　m_2——容量筒和砂的总质量,kg;

　　　V——容量筒容积,L。

注意:公式中的"m_2"指代两类质量(见上文所述),因为此处是将堆积密度与紧密密度放在一个公式中计算的,所以计算时请注意采用对应的质量。

以两次试验结果的算术平均值作为测定值。

堆积密度的空隙率 v_L 及紧密密度的空隙率 v_c 按下式计算(精确至1%):

$$v_L = \left(1 - \frac{\rho_L}{\rho}\right) \times 100\%$$

$$v_c = \left(1 - \frac{\rho_c}{\rho}\right) \times 100\%$$

式中　ρ_L——砂的堆积密度,kg/m^3;

　　　ρ——砂的表观密度,kg/m^3;

　　　ρ_c——砂的紧密密度,kg/m^3。

3.6　砂的含水率试验

▶ 3.6.1 主要仪器设备

①烘箱:温度能控制在(105±5)℃。

②天平:称量1 000 g,感量2 g。

③容器:浅盘等。

▶ 3.6.2　试验步骤

从密封的样品中取质量约 500 g 的试样两份,分别放入已知质量的干燥容器(m_1)中称重,记下试样与容器的总质量(m_2)。将容器连同试样放入温度为(105 ± 5)℃的烘箱中烘干至恒重,称量烘干后的试样与容器的总质量(m_3)。

▶ 3.6.3　试验结果

砂的含水率 w_{WC}(%)按下式计算(精确至 0.1%):

$$w_{WC} = \frac{m_2 - m_3}{m_3 - m_1} \times 100\%$$

式中

　　m_1——容器质量,g;

　　m_2——未烘干的试样与容器的总质量,g;

　　m_3——烘干后的试样与容器的总质量,g。

以两次试验结果的算术平均值为测定值。

3.7　砂中含泥量试验

▶ 3.7.1　主要仪器设备

①天平:称量 1 000 g,感量 1 g。

②烘箱:温度能控制在(105 ± 5)℃。

③试验筛:孔径 0.080 mm,1.25 mm 的筛各一个。

④洗砂用的容器及烘干用的浅盘等。

▶ 3.7.2　试验步骤

样品缩分至约 1 100 g,置于温度为(105 ± 5)℃的烘箱中烘干至恒重,冷却至室温后,称取各为 400 g(m_0)的试样两份备用。

取烘干的试样 1 份置于容器中,并注入饮用水,使水面高出砂面约 150 mm,充分拌匀后浸泡 2 h,然后用手在水中淘洗试样,使尘屑、淤泥和黏土与砂粒分离,并使之悬浮或溶于水中。缓缓地将浑浊液倒入 1.25 mm 及 0.080 mm 的套筛上(1.25 mm 筛放在上面),滤去小于0.080 mm 的颗粒。试验前筛子的两面应先用水润湿,在整个试验过程中应注意避免砂粒丢失。

再次加水于筒中,重复上述过程,直到筒内洗出的水清澈为止。

用水冲洗留在筛上的细粒,并将 0.080 mm 筛放在水中(使水面略高出筛中砂粒的上表面)来回摇动,以充分洗除小于 0.080 mm 的颗粒;然后将两只筛上留下的颗粒和筒中已经洗净的试样一并装入浅盘,置于温度为(105 ± 5)℃的烘箱中烘干至恒重,取出来冷却至室温后,称试样的质量(m_1)。

▶ 3.7.3 试验结果

砂的含泥量 w_C(%)应按下式计算(精确至 0.1%):

$$w_C = \frac{m_0 - m_1}{m_0} \times 100\%$$

式中　m_0——试验前的烘干试样质量,g;

　　　m_1——试验后的烘干试样质量,g。

取两个试样试验结果的算术平均值为测定值。两个结果的差值大于 0.5% 时,应重新取样进行试验。

3.8　砂中泥块含量试验

▶ 3.8.1 主要仪器设备

①天平:称量 2 000 g,感量 2g。
②烘箱:温度能控制在(105±5)℃。
③试验筛:孔径 0.630 mm,1.25 mm 的筛各一个。
④洗砂用的容器及烘干用的浅盘等。

▶ 3.8.2 试验步骤

将样品缩分至约 5 000 g,置于温度为(105±5)℃的烘箱中烘干至恒重,冷却至室温后,用公称直径 1.25 mm 的方孔筛筛分,取筛上的砂不少于 400 g,分两份备用。

称取试样 200 g(m_1)置于容器中,并注入饮用水,使水面高出砂面约 150 mm。充分拌混均匀后,浸泡 24 h,然后用手在水中碾碎泥块,再把试样放在 0.630 mm 的方孔筛上用水淘洗,直至水清澈为止。

保留下来的试样应小心地从筛里取出,装入水平浅盘后,置于温度为(105±5)℃烘箱中烘干至恒重,冷却后称其质量(m_2)。

▶ 3.8.3 试验结果

砂中泥块含量 $w_{C,L}$(%)应按下式计算(精确至 0.1%):

$$w_{C,L} = \frac{m_1 - m_2}{m_1} \times 100\%$$

式中　m_1——试验前的干燥试样质量,g;

　　　m_2——试验后的干燥试样质量,g。

取两次试验结果的算术平均值为测定值。

3.9 人工砂及混合砂中石粉含量试验(亚甲蓝法)

▶ 3.9.1 主要仪器设备

①烘箱:温度能控制在(105±5)℃。

②天平:称量1 000 g,感量1 g;称量100 g,感量0.01 g。

③试验筛:筛孔公称直径为0.08 mm,1.25 mm的方孔筛各一个。

④容器:深度大于250 mm的容器。

⑤移液管:2 mL,5 mL移液管各一支。

⑥亚甲蓝试验搅拌器:转速可调,最高达(600±60)r/min,可定时。

⑦玻璃容量瓶:1 L。

⑧温度计:精度1 ℃。

⑨玻璃棒:2支,直径8 mm,长300 mm。

⑩滤纸:快速滤纸。

⑪搪瓷盘、毛刷、1 000 mL烧杯等。

▶ 3.9.2 试验步骤

①将亚甲蓝粉末在(105±5)℃下烘干至恒重,称取烘干的亚甲蓝粉末10 g,精确至0.01 g,倒入盛有约600 mL蒸馏水(水加热至35~40 ℃)的烧杯中,用玻璃棒持续搅拌40 min,直至亚甲蓝粉末完全溶解,冷却到20 ℃。将溶液倒入1 L的玻璃容量瓶中,用蒸馏水淋洗烧杯及玻璃棒,使所有亚甲蓝溶液全部移入容量瓶,容量瓶和溶液的温度应保持在(20±1)℃,加蒸馏水至容量瓶1 L刻度处,振荡容量瓶保证亚甲蓝粉末完全溶解。将容量瓶中的溶液移入深色存储瓶中,标明制备日期、失效日期(亚甲蓝溶液保质期应不超过28 d),并置于阴暗处保存。

②将样品缩分至400 g,放在烘箱中于(105±5)℃下烘干至恒重,待冷却至室温后,筛除公称直径大于5.00 mm的颗粒备用。

③称取试样200 g,精确至1 g,将试样倒入盛有(500±5)mL蒸馏水的烧杯中,用叶轮搅拌机以(600±60)r/min转速搅拌5 min,形成悬浮液,然后以(400±40)r/min的转速持续搅拌,直至试验结束。

④悬浮液中加入5 mL亚甲蓝溶液,以(400±40)r/min的转速搅拌至少1 min后,用玻璃棒蘸取一滴悬浮液(所取悬浮液中应使沉淀物直径在8~12 mm),滴于滤纸上(置于空烧杯或者其他合适的支撑物上,使滤纸表面不与任何固体或液体接触)。若沉淀物周围未出现色晕,再加入5 mL亚甲蓝溶液,继续搅拌1 min,再用玻璃棒蘸取一滴悬浮液,滴于滤纸上,若沉淀物周围仍未出现色晕,重复上述步骤,直至沉淀物周围出现约1 mm宽的稳定浅蓝色色晕。此时应继续搅拌,不加亚甲蓝溶液,每分钟进行一次蘸染试验。若色晕在4 min内消失,再加入5 mL亚甲蓝溶液;若色晕在第5分钟消失,则再加入2 mL亚甲蓝溶液。两种情况下,均应继续进行搅拌和蘸染试验,直至色晕可持续5 min。

⑤记录色晕持续 5 min 时所加入的亚甲蓝溶液的总体积,精确至 1 mL。

人工砂及混合砂的含泥量或石粉含量试验步骤及计算按普通砂进行。

3.9.3 试验结果

亚甲蓝值 MB(g/kg)按下式计算(精确至 0.01):

$$MB = \frac{V}{G} \times 10$$

式中 G——试样质量,g;

  V——所加入的亚甲蓝溶液的总体积,mL。

  10——将每千克试样消耗的亚甲蓝溶液体积换算成亚甲蓝质量所需的系数。

亚甲蓝值表示每千克 0~2.36 mm 粒级试样所消耗的亚甲蓝克数。当 MB<1.4 时,则判定以石粉为主;当 MB≥1.4 时,则判定为以泥粉为主。

亚甲蓝快速试验结果评定:按试验步骤③的要求进行制样,向烧杯中一次性加入 30 mL 亚甲蓝溶液,以(400±40)r/min 的转速持续搅拌 8 min;然后用玻璃棒蘸取一滴悬浮液,滴于滤纸上,观察沉淀物周围是否出现明显色晕,出现色晕为合格,否则不合格,亚甲蓝试验得到的色晕如图 3.1 所示。

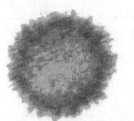

图 3.1 亚甲蓝试验得到的色晕

(左图符合要求,右图不符合要求)

3.10 砂中氯离子含量试验

3.10.1 主要仪器设备与试剂

①天平:称量 1 000 g,感量 1 g。

②带塞磨口瓶:容量 1 L。

③三角瓶:容量 300 mL。

④滴定管:容量 10 mL 或 25 mL。

⑤容量瓶:容量 500 mL。

⑥移液管:容量 50 mL 和 2 mL 各一只。

⑦5% 铬酸钾指示剂溶液。

⑧0.01 mol/L 的氯化钠标准溶液。

⑨0.01 mol/L 的硝酸银标准溶液。

3.10.2 试验步骤

①取经缩分后样品 2 kg,在温度(105±5)℃的烘箱烘干至恒重,经冷却至室温后备用。

②称取试样 500 g,装入带塞磨口瓶中,用容量瓶取 500 mL 蒸馏水,注入磨口瓶内,加上塞子,摇动一次,放置 2 h,然后每隔 5 min 摇动一次,共摇动 3 次,使氯盐充分溶解。将磨口瓶上部已澄清的溶液过滤,然后用移液管吸取 50 mL 滤液,注入三角瓶中,再加入浓度为5%铬酸钾指示剂 1 mL,用 0.01 mol/L 硝酸银标准溶液滴定至呈现砖红色为止,记录消耗的硝酸银标准溶液的体积(V_1)。

③空白试验:用移液管准确吸取 50 mL 蒸馏水到三角瓶内,加入 5%铬酸钾指示剂 1 mL,并用 0.01 mol/L 的硝酸银标准溶液滴定至呈现砖红色为止,记录消耗的硝酸银标准溶液的体积(V_2)。

3.10.3 试验结果

砂中氯离子含量 w_{Cl}(%)按下式计算(精确至 0.001%):

$$w_{Cl} = \frac{c_{AgNO_3}(V_1 - V_2) \times 0.035\ 5 \times 10}{m} \times 100\%$$

式中　c_{AgNO_3}——硝酸银标准溶液的浓度,mol/L;

　　　V_1——样品滴定时消耗的硝酸银标准溶液的体积,mL;

　　　V_2——空白试样时消耗的硝酸银标准溶液的体积,mL;

　　　m——试样质量,g。

3.11 碎石或卵石的筛分析试验

3.11.1 主要仪器设备

①试验筛:筛孔公称直径为 100,80.0,63.0,50.0,40.0,31.5,25.0,20.0,16.0,10.0,5.00,2.50 mm 的方孔筛,以及筛的底盘和盖各一只,其规格和质量要求应符合国家标准的规定,筛框内径为 300 mm。

②天平和秤:天平的称量 5 kg,感量 5 g;秤的称量 20 kg,感量 20 g。

③烘箱:温度能控制在(105±5)℃。

④浅盘等。

3.11.2 试验步骤

①试验前,应将试样缩分至表 3.16 所规定的试样最小质量,烘干或风干后备用。

表 3.16　石子筛分析试验所需试样的最小质量

最大公称粒径/mm	10.0	16.0	20.0	25.0	31.5	40.0	63.0	80.0
试样最小质量/kg	2.0	3.2	4.0	5.0	6.3	8.0	12.6	16.0

②按表 3.16 的规定称取试样。

③将试样按筛孔大小顺序过筛,当每号筛上的筛余层厚度大于试样的最大粒径值时,应将该号筛上的筛余分成 2 份,再次进行筛分,直至各筛每分钟的通过量不超过试样总量的 0.1%。当筛余颗粒的粒径大于 20 mm 以上时,在筛分过程中,允许用手指拨动颗粒。

④称取各筛筛余的质量,精确至试样总质量的 0.1%。各筛上的分计筛余量和筛底剩余量的总和与筛分前测定的试样总量相比,相差不得超过 1%。

▶ 3.11.3 试验结果

①计算分计筛余(各筛上的筛余量除以试样的百分率),精确至 0.1%;

②计算累计筛余(该筛的分计筛余与筛孔大于该筛的各筛的分计筛余百分率之总和),精确至 1%;

③根据各筛的累计筛余,评定该试样的颗粒级配。

3.12 碎石或卵石的表观密度试验(简易法)

▶ 3.12.1 主要仪器设备

①烘箱:温度能控制在(105±5)℃。

②秤:称量 20 kg,感量 20 g。

③广口瓶:容积 1 000 mL,磨口,并带玻璃片。

④试验筛:筛孔公称直径为 5.00 mm 的方孔筛一个。

⑤毛巾、刷子等。

▶ 3.12.2 试验步骤

①试验前,筛除样品中公称直径 5 mm 以下的颗粒,缩分至大于表 3.27 的最小质量的 2 倍,冲洗干净后分成 2 份备用。

②按表 3.17 的规定称取试样。

表 3.17 表观密度试验所需的试样最小质量

最大公称粒径/mm	10.0	16.0	20.0	25.0	31.5	40.0	63.0	80.0
试样最小质量/kg	2.0	2.0	2.0	2.0	3.0	4.0	6.0	6.0

③称量完成后,按以下步骤进行试验:

a.将试样浸水饱和,然后装入广口瓶中。装试样时,广口瓶应倾斜放置,注入饮用水,用玻璃片覆盖瓶口,以上下左右摇晃的方法排除气泡。

b.气泡排净后,向瓶中添加饮用水直至水面凸出瓶口边缘。然后用玻璃片沿瓶口迅速滑行,使其紧贴瓶口水面。擦干瓶外水分后,称取试样、水、瓶和玻璃片的总质量(m_1)。

c.将瓶中的试样倒入浅盘中,放在(105±5)℃的烘箱中烘干至恒重;取出,放在带盖的容器中冷却至室温后称其质量(m_0)。

d. 将瓶洗净,重新注入饮用水,用玻璃片紧贴瓶口水面,擦干瓶外水分后称其质量(m_2)。

试验时各项称重可以在 $15 \sim 25$ ℃的温度范围内进行,但从试样加水静置的最后 2 h 起直至试验结束,温度相差不应超过 2 ℃。

▶ 3.12.3 试验结果

石子的表观密度 ρ_0($\mathrm{kg/cm^3}$)按下式计算(精确至 $10 \mathrm{\ kg/cm^3}$):

$$\rho_0 = \left(\frac{m_0}{m_0 + m_2 - m_1} - \alpha_t \right) \times 1\ 000$$

式中 m_0——烘干后试样的质量,g;

m_1——试样、水、瓶和玻璃片的总质量,g;

m_2——水、瓶和玻璃片总质量,g;

α_t——水温对表观密度影响的修正系数。

取两次试验结果的算术平均值作为测定值,当两次结果之差大于 $20 \mathrm{\ kg/m^3}$ 时,应重新取样进行试验。对颗粒材质不均匀的试样,两次试验结果之差超过 $20 \mathrm{\ kg/m^3}$ 时,可取 4 次测定结果的算术平均值作为测定值。

3.13 碎石或卵石的堆积密度和紧密密度试验

▶ 3.13.1 主要仪器设备

①秤:称量 100 kg,感量 100 g。

②容量筒:金属制,其规格见表 3.18。

③平头铁锹。

④烘箱:温度能控制在 (105 ± 5) ℃。

表 3.18 容量筒的规格要求

碎石或卵石的最大公称粒径/mm	容量筒容积/L	容量筒规格		筒壁厚度/mm
		内径/mm	净高/mm	
10.0、16.0、20.0、25.0	10	208	294	2
31.5、40.0	20	294	294	3
63.0、80.0	30	360	294	4

注:测定紧密密度时,对于最大粒径为 31.5、40.0 mm 的集料,可采用 10 L 的容量筒;对于最大粒径为 63.0、80.0 mm 的集料,可采用 20 L 的容量筒。

▶ 3.13.2 试验步骤

按表 3.14 的规定称取试样,放入浅盘,在 (105 ± 5) ℃的烘箱中烘干,也可以摊在清洁的地面上风干,拌均匀后分成 2 份备用。

①堆积密度:取试样一份,置于平整干净的地板(或铁板)上,用平头铁锹铲起试样,使石子自由落入容量筒内。此时,铁锹的齐口至容量筒上口的距离应保持在 50 mm 左右。装满容量筒并除去凸出筒口表面的颗粒,并以合适的颗粒填入凹陷部分,使表面稍凸起部分和凹陷部分的体积大致相等,称试样和容量筒总质量(m_2)。

②紧密密度:取试样一份,分 3 层装入容量筒。装完一层后,在筒底垫放一根直径为 25 mm 的钢筋,将筒按住并左右交替颠击地面各 25 下,然后装入第二层,第二层装满后,用同样的方法颠实(但筒底所垫钢筋的方向应与第一层的放置方向垂直),再装入第三层,同样颠实。待 3 层试样装填完毕后,加料直到试样超出容量筒筒口,用钢筋沿筒口边缘滚转,刮下高出筒口的颗粒,用合适的颗粒填入凹处,使表面稍凸起部分和凹陷部分的体积大致相等。称试样和容量筒总质量(m_2)。

▶ 3.13.3 试验结果

堆积密度 $\rho'_L(kg/m^3)$ 及紧密密度 $\rho'_L(kg/m^3)$ 按下式计算(精确至 10 kg/m³):

$$\rho'_L(\rho'_c) = \frac{m_2 - m_1}{V} \times 1\ 000$$

式中　m_1——容量筒的质量,kg;

　　　m_2——容量筒和试样总质量,kg;

　　　V——容量筒容积,L。

取两次试验结果的算术平均值作为测定值。

堆积密度的空隙率 v'_L 和紧密密度的孔隙率 v'_c 分别按下式计算(精确至 1%):

$$v'_L = \left(1 - \frac{\rho'_L}{\rho'}\right) \times 100\%$$

$$v'_c = \left(1 - \frac{\rho'_c}{\rho'}\right) \times 100\%$$

式中　ρ'——碎石或卵石的表观密度,kg/m³;

　　　ρ'_L——碎石或卵石的堆积密度,kg/m³;

　　　ρ'_c——碎石或卵石的紧密密度,kg/m³。

3.14 碎石或卵石的含水率试验

▶ 3.14.1 主要仪器设备

①烘箱:温度能控制在(105±5)℃。

②天平:称量 20 kg,感量 20 g。

③容器:浅盘等。

▶ 3.14.2 试验步骤

①取质量约等于表 3.14 所要求的试样分成 2 份备用;

②将试样置于干净的容器中,称取试样和容器的总质量(m_1),并在(105 ± 5)℃的烘箱中烘干至恒重;

③取出试样,冷却后称取试样与容器的总质量(m_2)。

▶ 3.14.3 试验结果

碎石或卵石的含水率 w'_{WC}(%)按下式计算(精确至0.1%):

$$w'_{WC} = \frac{m_1 - m_2}{m_2 - m_3} \times 100\%$$

式中 m_1——烘干前试样与容器的总质量,g;

m_2——烘干后试样与容器的总质量,g;

m_3——容器质量,g。

取两次试验结果的算术平均值作为测定值。

3.15 碎石或卵石中含泥量试验

▶ 3.15.1 主要仪器设备

①秤:称量20 kg,感量20 g。

②烘箱:温度能控制在(105 ± 5)℃。

③试验筛:筛孔公称直径为1.25 mm,0.080 mm的方孔筛各一个。

④容器:容积约10 L的瓷盘或金属盘。

⑤浅盘。

▶ 3.15.2 试验步骤

①将样品缩分至表3.19所规定的量(注意防止细粉丢失),并置于温度为(105 ± 5)℃的烘箱内烘干至恒重,冷却至室温后,分成2份备用。

表3.19 含泥量试验所需要的试样最小质量

最大公称粒径/mm	10.0	16.0	20.0	25.0	31.5	40.0	63.0	80.0
试样最小质量/kg	2	2	6	6	10	10	20	20

②称取试样一份(m_0)装入容器中摊平,并注入饮用水,使水面高出石子表面150 mm;浸泡2 h后,用手在水中淘洗,使尘屑、淤泥和黏土与较粗颗粒分离,并使之悬浮或溶于水中。缓缓地将浑浊液倒入公称直径为1.25 mm及0.080 mm的方孔套筛上(1.25 mm筛放在上面),滤去公称直径小于0.080 mm的颗粒。试验前筛的两面应先用水湿润,整个试验过程中应注意将大于0.080 mm的颗粒丢失。

③再次加水于容器中,重复上述过程,直到洗出的水清澈为止。

④用水冲洗留在筛上的细粒,并将公称直径为0.080 mm的方孔筛放在水中(使水面略高

出筛内颗粒)来回摇动,以充分洗除公称直径小于 0.080 mm 的颗粒。然后将 2 只筛上剩下的颗粒和筒中已经洗净的试样一并装入浅盘,置于温度为(105±5)℃的烘箱中烘干至恒重。取出来冷却至室温后,称试样的质量(m_1)。

▶ 3.15.3 试验结果

碎石或卵石的含泥量 $w'_C(\%)$ 应按下式计算(精确至 0.1%):

$$w'_C = \frac{m_0 - m_1}{m_0} \times 100\%$$

式中 m_0——试验前的烘干试样质量,g;

　　m_1——试验后的烘干试样质量,g。

取 2 个试样试验结果的算术平均值作为测定值。2 个结果之差大于 0.2% 时,应重新取样进行试验。

3.16 碎石或卵石中泥块含量试验

▶ 3.16.1 主要仪器设备

①秤:称量 20 kg,感量 20 g。

②试验筛:筛孔公称直径为 2.50 mm,5.00 mm 的方孔筛各一个。

③水筒及浅盘等。

④烘箱:温度能控制在(105±5)℃。

▶ 3.16.2 试验步骤

试验前,将试样缩分至略大于表 3.14 所示的量,缩分应防止所含黏土块被压碎。缩分后的试样在(105±5)℃的烘箱内烘干至恒重,冷却至室温后分成 2 份备用。

①筛去公称直径 5 mm 以下的颗粒,称其质量(m_1)。

②将试样在容器中摊平,加入饮用水使水面高出试样表面,24 h 后把水放出,用手碾压泥块,然后把试样放在公称直径为 2.50 mm 方孔筛上摇动淘洗,直至洗出的水清澈为止。

③将筛上的试样小心地从筛里取出,置于温度为(105±5)℃的烘箱中烘干至恒重,然后取出冷却至室温后称其质量(m_2)。

▶ 3.16.3 试验结果

碎石或卵石中泥块含量 $w'_{C,L}(\%)$ 应按下式计算(精确至 0.1%):

$$w'_{C,L} = \frac{m_1 - m_2}{m_1} \times 100\%$$

式中 m_1——试验前的干燥试样质量,g;

　　m_2——试验后的干燥试样质量,g。

取 2 个试样试验结果的算术平均值作为测定值。

3.17 碎石或卵石中针状或片状颗粒的总含量试验

▶ 3.17.1 主要仪器设备

①针状规准仪(图3.2)和片状规准仪(图3.3)。

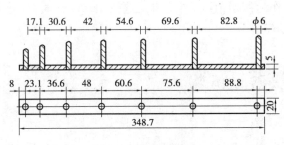

图3.2 针状规准仪

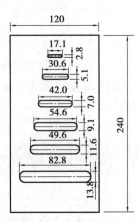

图3.3 片状规准仪

②游标卡尺。

③天平和秤:天平的称量2 kg,感量2 g;秤的称量20 kg,感量20 g。

④试验筛:筛孔公称直径分别为5.00,10.0,16.0,20.0,25.0,31.5,40.0,63.0,80.0 mm 方孔筛各一个,根据需要选用。

⑤卡尺。

▶ 3.17.2 试验步骤

试验样品的制备应符合下列规定:

将样品在室内风干至表面干燥,并缩分至表3.20规定的量,称质量(m_0),然后筛分成表3.21所规定的粒级备用。

表3.20 针状和片状颗粒的总含量试验所需的试样最小质量

最大公称粒径/mm	10.0	16.0	20.0	25.0	31.5	≥40.0
试样最小质量/kg	0.3	1	2	3	5	10

表3.21 针状和片状颗粒的总含量试验的粒级划分及其相应的规准仪宽或间距

公称粒级/mm	5.00~10.0	10.0~16.0	16.0~20.0	20.0~25.0	25.0~31.5	31.5~40.0
片状规准仪上相对应的孔宽/mm	2.8	5.1	7.0	9.1	11.6	13.8
针状规准仪上相对应的间距/mm	17.1	30.6	42.0	54.6	69.6	82.8

针状和片状颗粒的总含量试验按以下步骤进行：

①按表3.38所规定的粒级用规准仪逐粒对试样进行鉴定,凡颗粒长度大于针状规准仪上相对应的间距的,则为针状颗粒;厚度小于片状规准仪上的相应孔宽的,则为片状颗粒。

②公称粒径大于40 mm的可用卡尺鉴定其针、片状颗粒,卡尺卡口的设定宽度应符合表3.22的规定。

表3.22　公称粒径大于40 mm用卡尺卡口的设定宽度

公称粒级/mm	40.0~63.0	63.0~80.0
片状颗粒的卡口宽度/mm	18.1	27.6
针状颗粒的卡口宽度/mm	108.6	165.6

③称由各粒级挑出的针状和片状颗粒的总质量(m_1)。

▶ 3.17.3　试验结果

碎石中针状和片状颗粒的总含量w_p(%)按下式计算(精确至1%):

$$w_p = \frac{m_1}{m_0} \times 100\%$$

式中　m_1——试样中所含针状和片状颗粒的总质量,g;

　　　m_0——试样总质量,g。

3.18　碎石或卵石的压碎指标试验

▶ 3.18.1　主要仪器设备

①压力试验机:荷载300 kN。
②秤:称量5 kg,感量5 g。
③压碎指标测定仪(图3.4)。

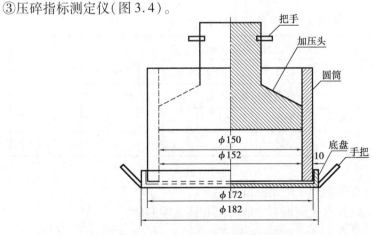

图3.4　压碎指标测定仪

④试验筛:筛孔公称直径为 2.50,10.0,20.0 mm 的方孔筛各一个。

⑤垫棒:直径 10 mm、长约 500 mm 圆钢。

▶ 3.18.2 试验步骤

(1)试样制备

①标准试样一律采用公称粒径为 10.0～20.0 mm 的颗粒,并在风干状态下进行试验。

②将缩分后的试样先筛除其中公称直径 10 mm 以下及 20 mm 以上的颗粒,再用针状和片状规准仪剔除针状和片状颗粒,然后称取 3 份每份重 3 kg 的试样备用。

(2)试验步骤

①置圆筒于底盘上,取试样一份,分 2 层装入筒内。每装完一层试样后,在底盘下面垫放一直径为 10 mm 的圆钢筋,将筒按住,左右交替颠击地面各 25 下。第二层颠实后,试样表面距盘底的高度应控制在 100 mm 左右。

②整平筒内试样表面,把加压头装好(注意应使加压头保持平正),放到试验机上并在 160～300 s 内均匀地加荷到 200 kN,稳定 5 s,然后卸荷,取出测定筒。倒出筒中的试样并称其质量(m_0),用公称直径为 2.5 mm 的方孔筛筛除被压碎的细粒,称量留在筛上的试样质量(m_1)。

▶ 3.18.3 试验结果

碎石或卵石的压碎指标值 δ_a(%)按下式计算(精确至 0.1%):

$$\delta_a = \frac{m_0 - m_1}{m_0} \times 100\%$$

式中　m_0——试样的质量,g;

　　　m_1——压碎试验后筛余的试样质量,g。

取 3 次试验结果的算术平均值作为压碎指标值测定值。

思考题

1. 今有粗、细两种砂的筛分结果(砂样各重 500 g):

类别	筛孔公称直径/mm						筛底/g
	5.0	2.5	1.25	0.63	0.315	0.16	
	筛余试样质量/g						
砂 1	0	150	150	100	60	15	25
砂 2	25	25	50	75	150	135	40

问:(1)这两种砂可否单独用于配制混凝土?

(2)这两种砂应以什么比例混合才能配出Ⅱ区级配的砂?

2. 表观密度试验的原理是什么?

3. 砂的空隙率对混凝土强度有何影响?

4. 如何求砂的细度模数? 如何按砂的细度模数划分粗、中、细、特细砂?

5. 简述针、片状颗粒的定义。

6. 含泥量和泥块含量对混凝土的影响是什么?

7. 进行碎石的表观密度试验前,应对试样进行何种处理?

8. 石子级配的优劣对混凝土有何影响?

9. 碎石的强度如何表示?

10. 为何在石子的质量要求中对针、片状进行了限制?

4

混凝土试验

通过本章的学习,要求掌握配合比设计和经过配合比设计的试拌普通混凝土试验方法,掌握检验普通混凝土和易性和表观密度以及强度等级的检验方法和检验技能,熟悉普通混凝土试验的各种仪器和设备。

本章引用的标准有:《普通混凝土长期性能和耐久性能试验方法标准》(GB/T 50082—2009);《普通混凝土配合比设计规程》(JGJ 55—2011);《普通混凝土拌合物性能试验方法标准》(GB/T 50080—2016);《混凝土物理力学性能试验方法标准》(GB/T 50081—2019);《水泥水化热测定方法》(GB/T 12959—2008)。

4.1 混凝土配合比设计

▶ 4.1.1 基本规定

混凝土配合比设计应满足混凝土配制强度、拌合物性能、力学性能和耐久性能的设计要求。混凝土拌合物性能、力学性能和耐久性能的试验方法应分别符合现行国家标准和《普通混凝土长期性能和耐久性能试验方法标准》(GB/T 50082—2009)的规定。

混凝土配合比设计应采用工程实际使用的原材料,并应满足国家现行标准的有关要求;配合比设计应以干燥状态的骨料为基准,细骨料含水率应小于 0.5%,粗骨料含水率应小于0.2%。

混凝土的最大水胶比应符合《混凝土结构设计规范》(GB 50010—2010)的规定。

除配制 C15 及以下强度等级的混凝土,混凝土的最小胶凝材料用量应符合表 4.1 的规定。

矿物掺合料在混凝土中的掺量应通过试验确定。钢筋混凝土中矿物掺合料最大掺量宜符合表 4.2 的规定;预应力钢筋混凝土中矿物掺合料最大掺量宜符合表 4.3 的规定。

表 4.1　混凝土的最小胶凝材料用量

最大水胶比	最小胶凝材料用量/(kg·m^{-3})		
	素混凝土	钢筋混凝土	预应力混凝土
0.60	250	280	300
0.55	280	300	300
0.50	320		
≤0.45	330		

表 4.2　钢筋混凝土中矿物掺合料最大掺量

矿物掺合料种类	水胶比	最大掺量/%	
		硅酸盐水泥	普通硅酸盐水泥
粉煤灰	≤0.40	45	35
	>0.40	40	30
粒化高炉矿渣粉	≤0.40	65	55
	>0.40	55	45
钢渣粉	—	30	20
磷渣粉	—	30	20
硅灰	—	10	10
复合掺合料	≤0.40	65	55
	>0.40	55	45

注:①采用其他的通用硅酸盐水泥时,宜将水泥混合材掺量20%以上的混合材量计入矿物掺合料;

　　②复合掺合料中各组分的掺量不宜超过单掺时的最大掺量;

　　③在混合使用两种或两种以上矿物掺合料时,矿物掺合料总掺量应符合表4.3中复合掺合料的规定。

表 4.3　预应力钢筋混凝土中矿物掺合料最大掺量

矿物掺合料种类	水胶比	最大掺量/%	
		硅酸盐水泥	普通硅酸盐水泥
粉煤灰	≤0.40	≤35	≤30
	>0.40	≤25	≤20
粒化高炉矿渣粉	≤0.40	≤55	≤45
	>0.40	≤45	≤35
钢渣粉	—	≤20	≤10
磷渣粉	—	≤20	≤10
硅灰	—	≤10	≤10

续表

矿物掺合料种类	水胶比	最大掺量/%	
		硅酸盐水泥	普通硅酸盐水泥
复合掺合料	≤0.40	≤55	≤45
	>0.40	≤45	≤35

注:①采用其他通用硅酸盐水泥时,宜将水泥混合材掺量 20%以上的混合材量计入矿物掺合料;
　　②复合掺合料中各组分的掺量不宜超过单掺时的最大掺量;
　　③在混合使用两种或两种以上矿物掺合料时,矿物掺合料总掺量应符合表中复合掺合料的规定。

混凝土拌合物中水溶性氯离子最大含量应符合表 4.4 的规定。混凝土拌合物中水溶性氯离子含量应按照《水运工程混凝土试验检测技术规范》(JTS/T 236—2019)中关于混凝土拌合物中氯离子含量的快速测定方法进行测定。

表 4.4　混凝土拌合物中水溶性氯离子最大含量

环境条件	水溶性氯离子最大含量(水泥用量的质量百分比)/%		
	钢筋混凝土	预应力混凝土	素混凝土
干燥环境	0.3	0.06	1.00
潮湿但不含氯离子的环境	0.2		
潮湿且含有氯离子的环境、盐渍土环境	0.1		
除冰盐等侵蚀性物质的腐蚀环境	0.06		

长期处于潮湿或水位变动的寒冷和严寒环境以及盐冻环境的混凝土应掺用引气剂。引气剂掺量应根据混凝土含气量要求经试验确定;掺用引气剂的混凝土最小含气量应符合表 4.5 的规定,最大不宜超过 7.0%。

表 4.5　掺用引气剂的混凝土最小含气量

粗骨料最大公称粒径/mm	混凝土最小含气量(占混凝土体积百分比)/%	
	潮湿或水位变动的寒冷和严寒环境	盐冻环境
40.0	4.5	5.0
25.0	5.0	5.5
20.0	5.5	6.0

对于有预防混凝土碱骨料反应设计要求的工程,宜掺用适量粉煤灰或其他矿物掺合料,混凝土中最大碱含量不应大于 3.0 kg/m³;对于矿物掺合料碱含量,粉煤灰碱含量可取实测值的 1/6,粒化高炉矿渣粉碱含量可取实测值的 1/2。

▶　4.1.2　混凝土配制强度的确定

混凝土配制强度应按下列规定确定:
①当混凝土的设计强度等级小于 C60 时,配制强度应按下式计算:

$$f_{cu,0} \geqslant f_{cu,k} + 1.645\sigma$$

式中　$f_{cu,0}$——混凝土配制强度，MPa；

$\quad f_{cu,k}$——混凝土立方体抗压强度标准值，这里取设计混凝土强度等级值，MPa；

$\quad \sigma$——混凝土强度标准差，MPa。

②当设计强度等级大于等于 C60 时，配制强度应按下式计算：

$$f_{cu,0} \geqslant 1.15 f_{cu,k}$$

混凝土强度标准差应按照下列规定确定：

①当有近 1~3 个月的同一品种、同一强度等级混凝土的强度资料，试件组数不小于 30 组时，混凝土强度标准差 σ 应按下式计算：

$$\sigma = \sqrt{\frac{\sum_{i=1}^{n} f_{cu,i}^2 - n m_{fcu}^2}{n-1}}$$

式中　$f_{cu,i}$——第 i 组的试件强度，MPa；

$\quad m_{fcu}$——n 组试件的强度平均值，MPa；

$\quad n$——试件组数。

对于强度等级不大于 C30 的混凝土：当 σ 不小于 3.0 MPa 时，应按照计算结果取值；当 σ 小于 3.0 MPa 时，σ 应取 3.0 MPa。

对于强度等级大于 C30 且小于 C60 的混凝土：当 σ 不小于 4.0 MPa 时，应按照计算结果取值；当 σ 小于 4.0 MPa 时，σ 应取 4.0 MPa。

②当没有近期的同一品种、同一强度等级混凝土强度资料时，其强度标准差 σ 可按表 4.6 取值。

表 4.6　标准差值 σ

混凝土强度标准差值	≤C20	C25~C45	C50~C55
σ/MPa	4.0	5.0	6.0

▶　**4.1.3　混凝土配合比计算**

(1)水胶比

混凝土强度等级小于 C60 时，混凝土水胶比(W/B)宜按下式计算：

$$\frac{W}{B} = \frac{\alpha_a f_b}{f_{cu,0} + \alpha_a \alpha_b f_b}$$

式中　α_a, α_b——回归系数，取值应符合表 4.7 的规定；

$\quad f_b$——胶凝材料(水泥与矿物掺合料按使用比例混合)28 d 胶砂抗压强度，MPa。

表 4.7　回归系数 α_a、α_b 选用表

粗骨料品种系数	碎石	卵石
α_a	0.53	0.49
α_b	0.20	0.13

试验方法应按《水泥胶砂强度检验方法(ISO 法)》(GB/T 17671—2021)执行;当无实测值时:

①回归系数 α_a 和 α_b 宜按下列规定确定:

a. 根据工程所使用的原材料,通过试验建立的水胶比与混凝土强度关系式来确定;

b. 当不具备上述试验统计资料时,可按表4.7采用。

②当胶凝材料28 d胶砂抗压强度无实测值时,可按下式计算:

$$f_b = \gamma_f \gamma_s f_{ce}$$

式中　γ_f, γ_s——分别为粉煤灰影响系数和粒化高炉矿渣粉影响系数,可按表4.8选用;

f_{ce}——水泥28d胶砂抗压强度,MPa。该值可实测,也可按表4.9的规定,用水泥强度等级值乘以相应的富余系数得到。

表4.8　粉煤灰影响系数 γ_f 和粒化高炉矿渣粉影响系数 γ_s

种类掺量/%	粉煤灰影响系数 γ_f	粒化高炉矿渣粉影响系数 γ_s
0	1.00	1.00
10	0.85 ~ 0.95	1.00
20	0.75 ~ 0.85	0.95 ~ 1.00
30	0.65 ~ 0.75	0.90 ~ 1.00
40	0.55 ~ 0.65	0.80 ~ 0.90
50	—	0.70 ~ 0.85

注:①采用Ⅰ级、Ⅱ级粉煤灰宜取上限值;

②采用S75级粒化高炉矿渣粉宜取下限值,采用S95级粒化高炉矿渣粉宜取上限值,采用S105级粒化高炉矿渣粉可取上限值加0.05;

③当超出表中的掺量时,粉煤灰和粒化高炉矿渣粉影响系数应经试验确定。

③当水泥28 d胶砂抗压强度(f_{ce})无实测值时,可按下式计算:

$$f_{ce} = \gamma_c f_{ce,g}$$

式中　γ_c——水泥强度等级值的富余系数,可按实际统计资料确定;当缺乏实际统计资料时,也可按表4.9选用;

$f_{ce,g}$——水泥强度等级值,MPa。

表4.9　水泥强度等级值的富余系数 γ_c

水泥强度等级值	32.5	42.5	52.5
γ_c	1.12	1.16	1.10

(2)用水量和外加剂用量

①每立方米干硬性或塑性混凝土的用水量 m_{w0} 应符合下列规定:

a. 混凝土水胶比为 0.40 ~ 0.80时,可按表4.10和表4.11选取;

b. 混凝土水胶比小于0.40时,可通过试验确定。

表4.10 干硬性混凝土的用水量 单位:kg/m³

拌合物稠度		卵石最大公称粒径/mm			碎石最大粒径/mm		
项目	指标	10.0	20.0	40.0	16.0	20.0	40.0
维勃稠度/s	16 ~ 20	175	160	145	180	170	155
	11 ~ 15	180	165	150	185	175	160
	5 ~ 10	185	170	155	190	180	165

表4.11 塑性混凝土的用水量 单位:kg/m³

拌合物稠度		卵石最大粒径/mm				碎石最大粒径/mm			
项目	指标	10.0	20.0	31.5	40.0	16.0	20.0	31.5	40.0
坍落度/mm	10 ~ 30	190	170	160	150	200	185	175	165
	35 ~ 50	200	180	170	160	210	195	185	175
	55 ~ 70	210	190	180	170	220	105	195	185
	75 ~ 90	215	195	185	175	230	215	205	195

注:①本表用水量是采用中砂时的取值。采用细砂时,每立方米混凝土用水量可增加5 ~ 10 kg;采用粗砂时,可减少5 ~ 10 kg。

②掺用矿物掺合料和外加剂时,用水量应相应调整。

②每立方米流动性或大流动性混凝土的用水量 m'_{w0}(kg/m^3)可按下式计算:

$$m'_{w0} = m_{w0'}(1-\beta)$$

式中 $m_{w0'}$——满足实际坍落度要求的每立方米混凝土用水量,kg。以表4.11中90 mm坍落度的用水量为基础,按每增大20 mm坍落度相应增加5 kg/m^3 用水量来计算,当坍落度增大到180 mm以上时,随坍落度相应增加的用水量可减少;

β——外加剂的减水率,%,应经混凝土试验确定。

③每立方米混凝土中外加剂用量 m_{a0}(kg/m^3)应按下式计算:

$$m_{a0} = m_{b0}\beta_a$$

式中 m_{b0}——每立方米混凝土中胶凝材料用量,kg/m^3;

β_a——外加剂掺量,%,应经混凝土试验确定。

(3)胶凝材料、矿物掺合料和水泥用量

①每立方米混凝土的胶凝材料用量 m_{b0}(kg/m^3)应按下式计算:

$$m_{b0} = \frac{m_{w0}}{W/B}$$

②每立方米混凝土的矿物掺合料用量 m_{f0}(kg/m^3)应符合下列规定:

$$m_{f0} = m_{b0}\beta_f$$

式中 β_f——矿物掺合料掺量,%。

③每立方米混凝土的水泥用量 m_{c0}(kg/m^3)应按下式计算:

$$m_{c0} = m_{b0} - m_{f0}$$

(4)砂率

①砂率(β_s)应根据骨料的技术指标、混凝土拌合物性能和施工要求,参考既有历史资料确定。

②当缺乏历史资料可参考时,混凝土砂率的确定应符合下列规定:

a.坍落度小于 10 mm 的混凝土,其砂率应经试验确定。

b.坍落度为 10~60 mm 的混凝土,其砂率可根据粗骨料品种、最大公称粒径及水胶比按表4.12选取。

表4.12　混凝土的砂率　　　　　　　单位:%

水胶比	卵石最大公称粒径/mm			碎石最大粒径/mm		
	10.0	20.0	40.0	16.0	20.0	40.0
0.40	26~32	25~31	24~30	30~35	29~34	27~32
0.50	30~35	29~34	28~33	33~38	32~37	30~35
0.60	33~38	32~37	31~36	36~41	35~40	33~38
0.70	36~41	35~40	34~39	39~44	38~43	36~41

注:①本表数值是中砂的选用砂率,对细砂或粗砂,可相应地减少或增大;

②采用人工砂配制混凝土时,砂率可适当增大;

③只用一个单粒级粗骨料配制混凝土时,砂率应适当增大。

c.坍落度大于 60 mm 的混凝土,其砂率可经试验确定,也可在表 4.12 的基础上,按坍落度每增大 20 mm 砂率增大 1% 的幅度予以调整。

(5)粗、细骨料用量

①采用质量法计算粗、细骨料用量时,应按下列公式计算:

$$m_{f0}+m_{c0}+m_{g0}+m_{s0}+m_{w0}=m_{cp}$$

$$\beta_s=\frac{m_{s0}}{m_{g0}+m_{s0}}\times100\%$$

式中　m_{g0}——每立方米混凝土的粗骨料用量,kg/m³;

　　　m_{s0}——每立方米混凝土的细骨料用量,kg/m³;

　　　m_{w0}——每立方米混凝土的用水量,kg/m³;

　　　β_s——砂率,%;

　　　m_{cp}——每立方米混凝土拌合物的假定质量,kg/cm³,可取 2350~2450 kg/m³。

②采用体积法计算粗、细骨料用量时,应按下列公式计算:

$$\frac{m_{c0}}{\rho_c}+\frac{m_{f0}}{\rho_f}+\frac{m_{g0}}{\rho_g}+\frac{m_{s0}}{\rho_s}+\frac{m_{w0}}{\rho_w}+0.01\alpha=1$$

$$\beta_s=\frac{m_{s0}}{m_{g0}+m_{s0}}\times100\%$$

式中　ρ_c——水泥密度,kg/m³,应按《水泥密度测定方法》(GB/T 208—2014)测定,也可取 2 900~3 100 kg/m³;

ρ_f——矿物掺合料密度,kg/m³,可按《水泥密度测定方法》(GB/T 208—2014)测定;

ρ_g——粗骨料的表观密度,kg/m³,应按《普通混凝土用砂、石质量及检验方法标准》(JGJ52—2006)测定;

ρ_s——细骨料的表观密度,kg/m³,应按《普通混凝土用砂、石质量及检验方法标准》(JGJ52—2006)测定;

ρ_w——水的密度,kg/m³,可取 1 000 kg/m³;

α——混凝土的含气量百分数,在不使用引气型外加剂时,α 可取为1。

▶ **4.1.4 混凝土配合比的试配、调整与确定**

(1)试配

①混凝土试配应采用强制式搅拌机,搅拌机应符合《混凝土试验用搅拌机》(JG/T 244—2009)的规定,并宜与施工采用的搅拌方法相同。

②试验室成型条件应符合《普通混凝土拌合物性能试验方法标准》(GB/T 50080—2016)的规定。

③每盘混凝土试配的最小搅拌量应符合表 4.13 的规定,并不应小于搅拌机额定搅拌量的 1/4。

表 4.13 混凝土试配的最小搅拌量

粗骨料最大公称粒径/mm	拌合物最小搅拌量/L
≤31.5	20
40.0	25

④应在计算配合比的基础上进行试拌。宜在水胶比不变、胶凝材料用量和外加剂用量合理的原则下调整胶凝材料用量、外加剂用量和砂率等,直到混凝土拌合物性能符合设计和施工要求,再提出试拌配合比。

⑤应在试拌配合比的基础上进行混凝土强度试验,并应符合下列规定:

a.应至少采用 3 个不同的配合比。当采用 3 个不同的配合比时,其中一个应为第④步确定的试拌配合比,另外 2 个配合比的水胶比宜较试拌配合比分别增加和减少 0.05,用水量应与试拌配合比相同,砂率可分别增加和减少 1%。

b.进行混凝土强度试验时,应继续保持拌合物性能符合设计和施工要求。

c.进行混凝土强度试验时,每种配合比至少应制作一组试件,标准养护到 28 d 或设计强度要求的龄期时试压。

(2)配合比的调整与确定

①配合比调整应符合下述规定:

a.根据试配步骤⑤混凝土强度试验结果,绘制强度和水胶比的线性关系图,用图解法或插值法求出略大于配制强度的强度对应的水胶比,包括混凝土强度试验中的一个满足配制强度的水胶比;

b.用水量应在试拌配合比用水量的基础上,根据混凝土强度试验时实测的拌合物性能作适当调整;

c.胶凝材料用量应以用水量乘以图解法或插值法求出的水胶比计算得出;

d.粗骨料和细骨料用量应在调整用水量和胶凝材料用量的基础上,进行相应调整。

②配合比应按以下规定进行校正:

a.应根据上述试配步骤④调整后的配合比按下式计算混凝土拌合物的表观密度 $\rho_{c,c}$:

$$\rho_{c,c}=m_c+m_f+m_g+m_s+m_w$$

b.应按下式计算混凝土配合比校正系数 δ:

$$\delta=\frac{\rho_{c,t}}{\rho_{c,c}}$$

式中　$\rho_{c,t}$——混凝土拌合物表观密度实测值,kg/m³;

　　　$\rho_{c,c}$——混凝土拌合物表观密度计算值,kg/m³。

c.当混凝土拌合物表观密度实测值与计算值之差的绝对值不超过计算值的2%时,按 a 调整的配合比维持不变;当二者之差超过2%时,应将配合比中每项材料用量均乘以校正系数 δ。

③配合比调整后,应测定拌合物水溶性氯离子含量,试验结果符合表4.4 的规定。

④对耐久性有设计要求的混凝土应进行相关耐久性试验验证。

▶ 4.1.5　抗渗混凝土配合比设计

①抗渗混凝土的原材料应符合下列规定:

a.水泥宜采用普通硅酸盐水泥;

b.粗骨料宜采用连续级配,其最大公称粒径不宜大于40.0 mm,含泥量不得大于1.0%,泥块含量不得大于0.5%;

c.细骨料宜采用中砂,含泥量不得大于3.0%,泥块含量不得大于1.0%;

d.抗渗混凝土宜掺用外加剂和矿物掺合料,粉煤灰应采用 F 类,并不应低于Ⅱ级。

②抗渗混凝土配合比应符合下列规定:

a.最大水胶比应符合表4.14 的规定;

b.每立方米混凝土中的胶凝材料用量不宜小于320 kg;

c.砂率宜为35% ~45%。

表4.14　抗渗混凝土最大水胶比

设计抗渗等级	最大水胶比	
	C20 ~ C30	C30 以上
P6	0.60	0.55
P8 ~ P12	0.55	0.50
>P12	0.50	0.45

③配合比设计中混凝土抗渗技术要求应符合下列规定:

a.配制抗渗混凝土要求的抗渗水压值应比设计值提高0.2 MPa;

b.抗渗试验结果应符合下式要求:

$$P_t \geq \frac{P}{10} + 0.2$$

式中 P_t——6个试件中不少于4个未出现渗水时的最大水压值,MPa;

P——设计要求的抗渗等级值。

c. 掺用引气剂的抗渗混凝土,应进行含气量试验,含气量宜控制在3.0% ~5.0%。

▶ 4.1.6 抗冻混凝土

①抗冻混凝土的原材料应符合下列规定:

a. 水泥应采用硅酸盐水泥或普通硅酸盐水泥;

b. 宜选用连续级配的粗骨料,其含泥量不得大于1.0%,泥块含量不得大于0.5%;

c. 细骨料含泥量不得大于3.0%,泥块含量不得大于1.0%;

d. 粗、细骨料均应进行坚固性试验,并应符合《普通混凝土用砂、石质量及检验方法标准》(JGJ 52—2006)的规定;

e. 在钢筋混凝土和预应力混凝土中不得掺用含有氯盐的防冻剂;在预应力混凝土中不得掺用含有亚硝酸盐或碳酸盐的防冻剂。

②抗冻混凝土配合比应符合下列规定:

a. 最大水胶比和最小胶凝材料用量应符合表4.15的规定;

表4.15　抗冻混凝土的最大水胶比和最小胶凝材料用量

设计抗冻等级	最大水胶比		最小胶凝材料用量
	无引气剂时	掺引气剂时	
F50	0.55	0.60	300
F100	0.50	0.55	320
不低于F150	—	0.50	350

b. 复合矿物掺合料掺量应符合表4.16的规定,其他矿物掺合料掺量应符合表4.2的规定;

表4.16　复合矿物掺合料最大掺量

水胶比	最大掺量/%	
	采用硅酸盐水泥	采用普通硅酸盐水泥
≤0.40	60	50
>0.40	50	40

注:①采用其他通用硅酸盐水泥时,可将水泥混合料掺量20%以上的混合料量计入矿物掺合料;

②复合矿物掺合料中各矿物掺合料组分的掺量不宜超过表4.2中单掺时的限量。

c. 抗冻混凝土宜掺用引气剂,掺用引气剂的混凝土最小含气量应符合表4.5的规定。

▶ 4.1.7 高强混凝土

①高强混凝土的原材料应符合下列规定:

a. 水泥应选用硅酸盐水泥或普通硅酸盐水泥；

b. 粗骨料最大公称粒径不宜大于 25.0 mm，针、片状颗粒含量不宜大于 5.0%，含泥量不应大于 0.5%，泥块含量不应大于 0.2%；

c. 细骨料的细度模数宜为 2.6 ~ 3.0，含泥量不应大于 2.0%，泥块含量不应大于 0.5%；

d. 宜采用减水率不小于 25% 的高性能减水剂；

e. 宜复合掺用粒化高炉矿渣粉、粉煤灰和硅灰等矿物掺合料，粉煤灰应采用 F 类，并不应低于 Ⅱ 级，强度等级不低于 C80 的高强混凝土宜掺用硅灰。

②高强混凝土配合比应经试验确定。在缺乏试验依据的情况下，高强混凝土配合比设计宜符合下列要求：

a. 水胶比、胶凝材料用量和砂率可按表 4.17 选取，并应经试配确定；

表 4.17　高强混凝土水胶比、胶凝材料用量和砂率

强度等级	水胶比	胶凝材料用量/($kg \cdot m^{-3}$)	砂率/%
>C60,<C80	0.28 ~ 0.33	480 ~ 560	
≥C80,<C100	0.26 ~ 0.28	520 ~ 580	35 ~ 42
C100	0.24 ~ 0.26	550 ~ 600	

b. 外加剂和矿物掺合料的品种、掺量应通过试配确定，矿物掺合料掺量宜为 25% ~ 40%，硅灰掺量不宜大于 10%；

c. 水泥用量不宜大于 500 kg/m³。

③在试配过程中，应采用 3 个不同的配合比进行混凝土强度试验，其中一个可为依据表 4.17 计算后调整拌合物的试拌配合比，另外 2 个配合比的水胶比宜较试拌配合比分别增加和减少 0.02。

④高强混凝土设计配合比确定后，尚应用该配合比进行不少于 3 盘混凝土的重复试验，每盘混凝土应至少成型一组试件，每组混凝土的抗压强度不应低于配制强度。

⑤高强混凝土抗压强度宜采用标准试件通过试验测定，使用非标准尺寸试件时，尺寸折算系数应由试验确定。

▶ 4.1.8　泵送混凝土

①泵送混凝土所采用的原材料应符合下列规定：

a. 水泥宜选用硅酸盐水泥、普通硅酸盐水泥、矿渣硅酸盐水泥和粉煤灰硅酸盐水泥；

b. 粗骨料宜采用连续级配，其针片状颗粒含量不宜大于 10%；粗骨料的最大公称粒径与输送管径之比宜符合表 4.18 的规定；

表 4.18　粗骨料的最大公称粒径与输送管径之比

粗骨料品种	泵送高度/m	粗骨料最大公称粒径与输送管径之比
碎石	<50	≤1 : 3.0
	50 ~ 100	≤1 : 4.0
	>100	≤1 : 5.0

粗骨料品种	泵送高度/m	粗骨料最大公称粒径与输送管径之比
卵石	<50	≤1∶2.5
	50～100	≤1∶3.0
	>100	≤1∶4.0

c.泵送混凝土宜采用中砂,其通过公称直径 315 μm 筛孔的颗粒含量不宜少于 15% ;

d.泵送混凝土应掺用泵送剂或减水剂,并宜掺用矿物掺合料。

②泵送混凝土配合比应符合下列规定:

a.泵送混凝土的用水量与水泥和矿物掺合料的总量之比不宜小于 0.60;

b.泵送混凝土的水泥和矿物掺合料的总量不宜小于 300 kg/m³;

c.泵送混凝土的砂率宜为 35%～45% ;

d.掺用引气型外加剂时,其混凝土含气量不宜大于 4%。

▶ **4.1.9　大体积混凝土**

①大体积混凝土所用的原材料应符合下列规定:

a.大体积混凝土宜采用中、低热硅酸盐水泥或低热矿渣硅酸盐水泥,水泥的 3 d 和 7 d 水化热应符合标准规定;当采用硅酸盐水泥或普通硅酸盐水泥时应掺加矿物掺合料,胶凝材料的 3 d 和 7 d 水化热分别不宜大于 240 kJ/kg 和 270 kJ/kg。水化热试验方法应按现行国家标准《水泥水化热测定方法》(GB/T 12959—2008)执行。

b.粗骨料宜为连续级配,最大公称粒径不宜小于 31.5 mm,含泥量不应大于 1.0% ;细骨料宜采用中砂,含泥量不应大于 3.0%。

c.宜掺用矿物掺合料和缓凝型减水剂。

②当采用混凝土 60 d 或 90 d 龄期的设计强度时,宜采用标准试件进行抗压强度试验。

③大体积混凝土配合比应符合下列规定:

a.水胶比不宜大于 0.55,用水量不宜大于 175 kg/m³。

b.在保证混凝土性能要求的前提下,宜提高每立方米混凝土中的粗骨料用量;砂率宜为 38%～42%。

c.在保证混凝土性能要求的前提下,应减少胶凝材料中的水泥用量,提高矿物掺合料掺量,混凝土中矿物掺合料掺量应符合表 4.2 的规定。

④在配合比试配和调整时,控制混凝土绝热温升不宜大于 50 ℃。

⑤配合比应满足施工对混凝土拌合物的泌水要求。

4.2　混凝土拌合物试样制备

▶ **4.2.1　一般规定**

①拌制混凝土的原材料应符合技术要求,并与施工实际用料相同。在拌和前,材料的温

度应与室温相同,应保持在(20±5)℃。

②拌制混凝土的材料用量以质量计。称量的精确度:骨料为±1%;水、水泥、掺合料、外加剂均为±0.5%。

③从试样制备完毕到开始做各项性能试验不宜超过5 min(不包括成型试件)。

▶ 4.2.2 主要仪器设备

①搅拌机:容量75~100 L,转速18~22 r/min。

②磅秤:称量50 kg,感量50 g。

③天平:称量50 kg,感量1 g。

④量筒:250 mL和1 000 mL。

⑤拌板(约1.5 m×2 m)、拌铲、盛器等。

▶ 4.2.3 拌和方法

(1)人工拌和

①按所定配合比备料,以气干状态为准。

②将拌板及拌铲用湿布湿润,将砂倒在拌板上,然后加入水泥,用拌铲自拌板一端翻拌至另一端,来回重复,直至充分混合,颜色均匀,再加上石子,翻拌至混合均匀。

③将干混合物堆成堆,在中间做一凹槽,将已称量好的水倒约一半在凹槽中(勿使水流出),然后仔细翻拌,并徐徐加入剩余的水,继续翻拌,每翻拌一次,用铲在拌合物上铲切一次,直到拌和均匀为止。

④拌和时力求动作敏捷,拌和时间从加水时算起,应大致符合下列规定:

- 拌合物体积为30 L以下时,4~5 min;
- 拌合物体积为30~50 L时,5~9 min;
- 拌合物体积为51~75 L时,9~12 min。

(2)机械搅拌

①按所定配合比备料,以气干状态为准。

②预拌一次,即按配合比的水泥、砂和水组成的砂浆及少量石子,在搅拌机中进行涮膛。然后倒出并刮去多余的砂浆,其目的是使水泥砂浆黏附满搅拌机的筒壁,以免正式拌和时影响拌合物的配合比。

③开动搅拌机,向搅拌机内依次加入石子、砂、水泥,干拌均匀,再将水徐徐加入,全部加料时间不超过3 min,水全部加入后,继续拌和1~3 min。

④将拌合物自搅拌机卸出,倾倒在拌板上,再经人工拌和1~2 min,即可做坍落度测定或试件成型。

4.3 坍落度

坍落度法与坍落扩展度法适用于骨料最大粒径不大于40 mm,坍落度不小于10 mm的混凝土拌合物稠度测定。

▶ 4.3.1 主要仪器设备

坦落度仪:由坦落度筒(图4.1)、捣棒、底板、小铲、钢抹子和测量标尺组成。

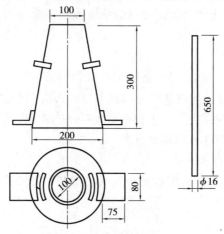

图4.1 坦落度筒与捣棒

▶ 4.3.2 试验步骤

①坦落度筒内壁和底板应润湿无明水;底板应放置在坚实水平面上,并把坦落度筒放在底板中心,然后用脚踩住两边的脚踏板,坦落度筒在装料时应保持在固定的位置。

②混凝土拌合物试样应分三层均匀地装入坦落度筒内,每装一层混凝土拌合物,应用捣棒由边缘到中心按螺旋形均匀插捣 25 次,捣实后每层混凝土拌合物试样高度约为筒高的 1/3。

③插捣底层时,捣棒应贯穿整个深度,插捣第二层和顶层时,捣棒应插透本层至下一层的表面。

④顶层混凝土拌合物装料应高出筒口,插捣过程中,混凝土拌合物低于筒口时,应随时添加。

⑤顶层插捣完后,取下装料漏斗,将多余混凝土拌合物刮去,并沿筒口抹平。

⑥清除筒边底板上的混凝土后,应垂直平稳地提起坦落度筒,并轻放于试样旁边;当试样不再继续坦落或坦落时间达 30 s 时,用钢尺测量出筒高与坦落后混凝土试件最高点之间的高度差,作为该混凝土拌合物的坦落度值。

▶ 4.3.3 试验结果

①坦落度筒的提离过程宜控制在 3 ~ 7 s;从开始装料到提坦落度筒的整个过程应连续进行,并应在 150 s 内完成。

②将坦落度筒提起后混凝土发生一边崩坦或剪坏现象时,应重新取样另行测定;若第二次试验仍出现一边崩坦或剪坏现象,应予记录说明。

③坦落度测量精确至 1 mm,结果应修约至 5 mm。

4.4 表观密度试验

本方法适用于测定混凝土拌合物捣实后的单位体积质量,即表观密度。

▶ **4.4.1 主要仪器设备**

①容量筒:金属制成的圆筒,两旁装有提手。对骨料最大粒径不大于 40 mm 的拌合物采用容积为 5 L 的容量筒,其内径与内高均为(186±2)mm,筒壁厚为 3 mm;骨料最大粒径大于 40 mm 时,容量筒的内径与内高均应大于骨料最大粒径的 4 倍。容量筒上缘及内壁应光滑平整,顶面与底面应平行并与圆柱体的轴垂直。

②台秤:称量 50 kg,感量 50 g。

③振动台:应符合《混凝土试验用振动台》(JG/T 245—2009)的规定。

④捣棒:与稠度试验相同。

▶ **4.4.2 试验步骤**

①应按下列步骤测定容量筒的容积:

a.将干净的容量筒与玻璃板一起称重;

b.将容量筒装满水,缓慢将玻璃板从筒口一侧推到另一侧,容量筒内应满水并且不应存在气泡,擦干容量筒外壁,再次称重;

c.两次称重结果之差除以该温度下水的密度应为容量筒容积 V;常温下水的密度可取 1 kg/L。

②容量筒内外壁应擦干净,称出容量筒质量 m_y,精确至 10 g。

③混凝土拌合物试样应按下列要求进行装料,并插捣密实:

a.坍落度不大于 90 mm 时,混凝土拌合物宜用振动台振实;振动台振实时,应一次性将混凝土拌合物装填至高出容量筒筒口;装料时可用捣棒稍加插捣,振动过程中混凝土低于筒口,应随时添加混凝土,振动直至表面出浆为止。

b.坍落度大于 90 mm 时,混凝土拌合物宜用捣棒插捣密实。插捣时,应根据容量筒的大小决定分层与插捣次数:用 5 L 容量筒时,混凝土拌合物应分两层装入,每层的插捣次数应为 25 次;用大于 5 L 的容量筒时,每层混凝土的高度不应大于 100 mm,每层插捣次数应按每 10 000 mm² 截面不小于 12 次计算。各次插捣应由边缘向中心均匀地插捣,插捣底层时捣棒应贯穿整个深度,插捣第二层时,捣棒应插透本层至下一层的表面;每一层捣完后用橡皮锤沿容量筒外壁敲击 5~10 次,进行振实,直至混凝土拌合物表面插捣孔消失并不见大气泡为止。

c.自密实混凝土应一次性填满,且不应进行振动和插捣。

④将筒口多余的混凝土拌合物刮去,表面有凹陷应填平;应将容量筒外壁擦净,称出混凝土拌合物试样与容量筒总质量 m,精确至 10 g。

▶ **4.4.3 试验结果**

混凝土拌合物的表观密度 ρ_b(kg/m³)按下式计算:

$$\rho_b = \frac{m_2 - m_1}{V} \times 1\ 000$$

式中　m_1——容量筒质量,kg;

　　　m_2——容量筒和试样总质量,kg;

　　　V——容量筒容积,L。

4.5　抗压强度试验

▶　4.5.1　主要仪器设备

①压力试验机:除应符合《液压式万能试验机》(GB/T 3159—2008)及《试验机通用技术要求》(GB/T 2611—2007)中的技术要求外,其测量精度应为1%,试件破坏荷载应大于压力机全量程的20%且小于压力机全量程的80%。应具有加荷速度指示装置或加荷速度控制装置,并能均匀、连续地加荷。

②振动台:应符合《混凝土试验用振动台》(JG/T 245—2009)的要求。

③试模:应符合《混凝土试模》(JG 237—2008)的要求。

▶　4.5.2　试验步骤

①试件到达试验龄期时,从养护地点取出后,应检查其尺寸及形状,尺寸公差应满足相关规定,试件取出后应尽快进行试验。

②试件放至试验机前,应将试件表面与上、下承压板面擦拭干净。

③以试件成型时的侧面为承压面,将试件安放在试验机的下压板或垫板上,试件的中心应与试验机下压板中心对准。

④启动试验机,试件表面应与上、下承压板或钢垫板均匀接触。

⑤试验过程中应连续均匀加荷,加荷速度应取0.3~1.0 MPa/s。当立方体抗压强度小于30 MPa时,加荷速度宜取0.3~0.5 MPa/s;立方体抗压强度为30~60 MPa时,加荷速度宜取0.5~0.8 MPa/s;立方体抗压强度不小于60 MPa时,加荷速度宜取0.8~1.0 MPa/s。

⑥手动控制压力机加荷速度时,当试件接近破坏开始急剧变形时,应停止调整试验机油门,直至破坏,并记录破坏荷载。

▶　4.5.3　试验结果

①试件的抗压强度f_{cc}(MPa)按下式计算(精确至0.1 MPa):

$$f_{cc} = \frac{F}{A}$$

式中　F——试件破坏荷载,N;

　　　A——试件承压面积,mm^2。

②强度值的确定应符合下列规定:

a.取3个试件测值的算术平均值作为该组试件的抗压强度值。

b. 当3个测值的最大值或最小值与中间值的差值超过中间值的15%时,把最大值及最小值一并舍去,取中间值为该组抗压强度值。

c. 如有2个测值与中间值的差均超过中间值的15%,则该组试件的试验结果无效。

③当混凝土强度等级不小于C60时,宜采用标准试件;当使用非标准试件时,混凝土强度等级不大于C100时,尺寸换算系数宜由试验确定,在未进行试验确定的情况下,对100 mm×100 mm×100 mm 试件可取为0.95;混凝土强度等级大于C100时,尺寸换算系数应经试验确定。

思考题

1. 在混凝土抗压强度试验中,为什么要考虑试件尺寸换算系数?

2. 混凝土的和易性是指什么? 如何测量?

3. 试分析加水对混凝土性能的影响,它与混凝土成型凝结后的洒水养护有无矛盾? 为什么?

4. 影响混凝土拌合物和易性的因素有哪些?

5. 配制混凝土所用水泥的要求有哪些?

6. 简述混凝土配合比设计的基本要求。

建筑砂浆试验

通过建筑砂浆的稠度试验,测得建筑砂浆达到设计稠度时的加水量,或在现场对要求的稠度进行控制,以保证施工质量。测定砂浆的分层度和保水率,以评定其保水性,了解砂浆拌合物在运输及停放时内部组分的稳定性。测定立方体抗压强度,以确定砂浆的强度等级并可判断是否达到设计要求,还可作为调整砂浆配合比和控制砂浆质量的主要依据。

本章引用的标准有:《建筑砂浆基本性能试验方法标准》(JGJ/T 70—2009);《砌筑砂浆配合比设计规程》(JGJ/T 98—2010)。

5.1　建筑砂浆的拌和

▶ 5.1.1　主要仪器设备

①砂浆搅拌机。
②磅秤:水泥、外加剂、掺合料等的称量精度应为±0.5%,细骨料的称量精度应为±1%。
③天平。

▶ 5.1.2　试样的制备

在试验室制备砂浆拌合物时,所用材料应提前24 h运入室内。拌和时,试验室的温度应保持在(20±5)℃。如需要模拟施工条件下所用的砂浆,那么所用原材料的温度宜与施工现场保持一致。

①试验所用原材料应与现场使用的材料一致,砂应通过4.75 mm筛。
②试验室拌制砂浆时,材料用量应以质量计。称量精度:水泥、外加剂、掺合料等为±0.5%;砂为±1%。
③在试验室搅拌砂浆时应采用机械搅拌,搅拌机应符合《试验用砂浆搅拌机》(JG/T 3033—1996)的规定,搅拌的用量宜为搅拌机容量的30%~70%,搅拌时间不应少于

120 s。掺有掺合料和外加剂的砂浆,其搅拌时间不应少于 180 s。

④从搅拌砂浆开始到进行各项性能试验不宜超过 15 min。

5.2　砂浆稠度试验

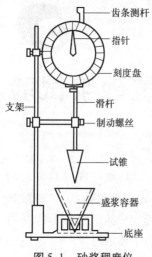

图 5.1　砂浆稠度仪

▶ 5.2.1　主要仪器设备

①砂浆稠度仪(图 5.1):由试锥、容器和支座 3 部分组成。试锥由钢材或铜材制成,试锥高度为 145 mm,锥底直径为 75 mm,试锥连同滑杆的质量应为(300±2)g;盛浆容器由钢板制成,筒高为 180 mm,锥底内径为 150 mm;支座分底座、支架及刻度显示 3 个部分,由铸铁、钢及其他金属制成。

②钢制捣棒:直径 10 mm、长 350 mm,端部磨圆。

③秒表。

▶ 5.2.2　试验步骤

①用少量润滑油轻擦滑杆,再将滑杆上多余的油用吸油纸擦净,使滑杆能自由滑动。

②用湿布擦净盛浆容器和试锥表面,再将砂浆拌合物一次装入容器,使砂浆表面低于容器口 10 mm。用捣棒自容器中心向边缘均匀地插捣 25 次,然后轻轻地将容器摇动或敲击 5 ~ 6 下,使砂浆表面平整,随后将容器置于稠度测定仪的底座上。

③拧松制动螺丝,向下移动滑杆,当试锥尖端与砂浆表面刚接触时,拧紧制动螺丝,使齿条侧杆下端刚接触滑杆上端,将指针对准零点上。

④拧松制动螺丝,同时计时,10 s 时立即拧紧螺丝,将齿条测杆下端接触滑杆上端,从刻度盘上读出下沉深度(精确至 1 mm),两次读数的差值即为砂浆的稠度值。

⑤盛浆容器内的砂浆,只允许测定一次稠度,重复测定时,应重新取样测定。

▶ 5.2.3　试验结果

取 2 次试验结果的算术平均值,精确至 1 mm;如果两次试验值之差大于 10 mm,应重新取样测定。

5.3　砂浆分层度试验

▶ 5.3.1　主要仪器设备

①砂浆分层度筒(图 5.2):内径为 150 mm,上节高度为 200 mm、下节带底净高为 100 mm,用金属板制成,上、下层连接处需加宽到 3 ~ 5 mm,并设有橡胶垫圈。

②振动台:振幅为(0.5±0.05)mm,频率为(50±3)Hz。

③砂浆稠度仪、木槌等。

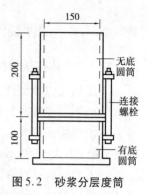

图 5.2　砂浆分层度筒

▶ 5.3.2　试验步骤

(1)标准法

①根据5.2节的稠度试验方法测定砂浆拌合物稠度;

②将砂浆拌合物一次装入砂浆分层度筒内,待装满后,用木槌在砂浆分层度筒周围距离大致相等的4个不同地方轻轻敲击1~2下;当砂浆沉落到低于筒口时,应及时添加,然后刮去多余的砂浆并用抹刀抹平;

③静置30 min后,去掉上节200 mm砂浆,剩余的100 mm砂浆倒出放在拌和锅内拌和2 min,再按5.2节的稠度试验方法测其稠度。

(2)快速法

①按5.2节的稠度试验方法测定稠度;

②将砂浆分层度筒预先固定在振动台上,砂浆一次装入分层度筒内,振动20 s;

③去掉上节200 mm砂浆,剩余100 mm砂浆倒出放在拌和锅内拌和2 min,再按5.2节的稠度试验方法测其稠度,前后测得的稠度之差即可被认为是该砂浆的分层度值。

▶ 5.3.3　试验结果

取两次试验结果的算术平均值作为该砂浆的分层度值,精确至1 mm;两次分层度试验值之差如大于10 mm,应重做试验。

5.4　砂浆立方体抗压强度试验

▶ 5.4.1　主要仪器设备

①试模:应为70.7 mm×70.7 mm×70.7 mm的带底试模,符合《混凝土试模》(JG 237—2008)的规定,具有足够的刚度并拆装方便。试模的内表面应进行机械加工,其不平度应为每100 mm不超过0.05 mm,组装后各相邻面的不垂直度不应超过±0.5°。

②钢制捣棒:直径10 mm、长350 mm的钢棒,端部应磨圆。

③压力试验机:精度应为1%,试件的破坏荷载不小于压力机量程的20%,也不大于全量程的80%。

④垫板:试验机上、下压板及试件之间可垫以钢垫板,垫板的尺寸应大于试件的承压面,其不平度应为每100 mm不超过0.02 mm。

⑤振动台:空载中台面的垂直振幅应为(0.5±0.05)mm,空载频率应为(50±3)Hz,空载台面振幅均匀度不大于10%,一次试验应至少能固定3个试模。

▶ **5.4.2 试件制作、养护及试验步骤**

(1)立方体抗压强度试件的制作及养护

①采用立方体试件,每组试件3个。

②应用黄油等密封材料涂抹试模的外接缝,试模内涂刷薄层机油或脱模剂,将拌制好的砂浆一次性装满砂浆试模,成型方法根据稠度而定。当稠度大于50 mm时采用人工振捣成型,当稠度不大于50 mm时采用振动台振实成型。

a.人工振捣:应用捣棒均匀地由边缘向中心按螺旋方式插捣25次,插捣过程中砂浆沉降低于试模口时,应随时添加砂浆,可用油灰刀插捣数次,并用手将试模一边抬高5~10 mm各振动5次,使砂浆高出试模顶面6~8 mm。

b.机械振动:将砂浆一次装满试模,放置到振动台上,振动时试模不得跳动,振动5~10 s或持续到表面泛浆为止,不得过振。

③待表面水分稍干后,再将高出试模部分的砂浆沿试模顶面刮去并抹平。

④试件制作后应在室温为(20±5)℃的环境下静置(24±2)h,对试件进行编号、拆模。当气温较低时,凝结时间大于24 h的砂浆可适当延长时间,但不应超过2 d。试件拆模后应立即放入温度为(20±2)℃、相对湿度为90%以上的标准养护室中养护。养护期间,试件彼此间隔不小于10 mm,混合砂浆、湿拌砂浆试件上面应覆盖,防止有水滴在试件上。

⑤从搅拌加水开始计时,标准养护龄期应为28 d,也可根据相关标准要求增加7 d或14 d。

(2)砂浆立方体试件抗压强度试验步骤

①试件从养护地点取出后应及时进行试验。试验前将试件表面擦拭干净,测量尺寸,并检查其外观,并应计算试件的承压面积。当实测尺寸与公称尺寸之差不超过1 mm时,可按照公称尺寸进行计算。

②将试件安放在试验机的下压板或下垫板上,试件的承压面应与成型时的顶面垂直,试件中心应与试验机下压板或下垫板中心对准。开动试验机,当上压板与试件或上垫板接近时,调整球座,使接触面均衡受压。承压试验应连续而均匀地加荷,加荷速度应为0.25~1.5 kN/s;砂浆强度不大于2.5 MPa时,宜取下限。当试件接近破坏而开始迅速变形时,停止调整试验机油门,直至试件破坏,然后记录破坏荷载。

▶ **5.4.3 试验结果**

砂浆立方体抗压强度$f_{m,cu}$(MPa)应按下式计算(精确至0.1 MPa):

$$f_{m,cu} = K\frac{N_u}{A}$$

式中 N_u——试件破坏荷载,N;

A——试件承压面积,mm^2;

K——换算系数,取1.35。

试验结果应按下列要求确定:

①应取3个试件测值的算术平均值作为该组试件的砂浆立方体抗压强度平均值(f_2),精

确至 0.1 MPa。

②所取 3 个测值的最大值或最小值与中间值的差值超过中间值的 15% 时,应把最大值及最小值一并舍去,取中间值作为该组试件的抗压强度值。

③当两个测值与中间值的差值均超过中间值的 15% 时,该组试件的试验结果无效。

5.5　砂浆保水性试验

▶ 5.5.1　主要仪器设备

①金属或硬塑料圆环试模:内径 100 mm、内部高度 25 mm。

②可密封的取样容器:应清洁、干燥。

③2 kg 的重物。

④金属滤网:网格尺寸 45 μm、圆形、直径为(110±1)mm。

⑤超白滤纸:应符合《化学分析滤纸》(GB/T 1914—2017)中要求的中速定性滤纸,直径 110 mm,单位面积质量为 200 g/m²。

⑥2 片金属或玻璃的方形或圆形不透水片,边长或直径大于 110 mm。

⑦电子天平:量程 200 g,感量 0.1 g;量程 2 000 g,感量 1 g。

⑧烘箱。

▶ 5.5.2　试验步骤

保水性试验应按下列步骤进行:

①称量底部不透水片与干燥试模质量 m_1 和 15 片中速定性滤纸质量 m_2。

②将砂浆拌合物一次性装入试模,并用抹刀插捣数次,当装入的砂浆略高于试模边缘时,用抹刀以 45°角一次性将试模表面多余的砂浆刮去,然后再用抹刀以较平的角度在试模表面反方向将砂浆刮平。

③抹掉试模边的砂浆,称量试模、底部不透水片与砂浆总质量 m_3。

④用金属滤网覆盖在砂浆表面,再在金属滤网表面放上 15 片滤纸,用上部不透水片盖在滤纸表面,用 2 kg 的重物把上部不透水片压住。

⑤静止 2 min 后移走重物及不透水片,取出滤纸(不包括滤网),迅速称量滤纸质量 m_4。

⑥由砂浆的配比及加水量计算砂浆的含水率,若无法计算,可按以下规定测定砂浆的含水率:

测定砂浆含水率时,称取(100±10)g 砂浆拌合物试样,置于一干燥并已称重的盘中,在(105±5)℃的烘箱中烘干至恒重,砂浆含水率 α(%)应按下式计算:

$$\alpha = \frac{m_6 - m_5}{m_6} \times 100$$

式中　m_5——烘干后砂浆样本的质量,g,精确至 1 g;

　　　m_6——砂浆样本的总质量,g,精确至 1 g。

取两次试验结果的平均值作为砂浆保水率,精确至 0.1%;当两个测定值之差超过 2%

时,此组试验结果无效。

▶ 5.5.3 试验结果

砂浆保水率 $W(\%)$ 应按下式计算：

$$W=\left[1-\frac{m_4-m_2}{\alpha\times(m_3-m_1)}\right]\times100$$

式中 m_1——底部不透水片与干燥试模质量,g,精确至 1 g;

      m_2——15 片滤纸吸水前的质量,g,精确至 0.1 g;

      m_3——试模、底部不透水片与砂浆总质量,g,精确至 1 g;

      m_4——15 片滤纸吸水后的质量,g,精确至 0.1 g;

      α——砂浆含水率,%。

取两次试验结果的平均值作为砂浆保水率,精确至 0.1%,且第二次试验应重新取样测定。当两个测定值之差超过 2% 时,此组试验结果无效。

5.6 砂浆主要技术条件

水泥砂浆及预拌砌筑砂浆的强度等级可分为 M5,M7.5,M10,M15,M20,M25,M30;水泥混合砂浆的强度等级分为 M5,M7.5,M10,M15。

砌筑砂浆拌合物的表观密度宜符合表 5.1 的规定。

表 5.1   **砌筑砂浆拌合物的表观密度**

砂浆种类	表观密度/(kg·m⁻³)
水泥砂浆	≥1900
水泥混合砂浆	≥1800
预拌砌筑砂浆	≥1800

砌筑砂浆的稠度、保水率、试配抗压强度应同时满足要求。

砌筑砂浆施工时的稠度宜按表 5.2 选用。

表 5.2   **砌筑砂浆施工稠度**

砌体种类	施工稠度/mm
烧结普通砖砌体、粉煤灰砖砌体	70~90
混凝土砖砌体、普通混凝土小型空心砌块砌体、灰砂砖砌体	50~70
烧结多孔砖砌体、烧结多孔空心砖砌体、轻集料混凝土小型空心砌块砌体、蒸压加气混凝土砌块砌体	60~80
石砌体	30~50

砌筑砂浆的保水率应符合表5.3的规定。

表5.3　砌筑砂浆的保水率

砂浆种类	保水率/%
水泥砂浆	≥80
水泥混合砂浆	≥84
预拌砌筑砂浆	≥88

思考题

1.新拌砂浆的和易性包括哪些内容？应如何判定？

2.配置砂浆时,为什么除水泥外常常加入其他胶凝材料？

3.简述砂浆抗压强度的计算过程。

4.砂浆立方体抗压强度试件采用何种尺寸？

5.砂浆立方体抗压强度试验中,砂浆试块的养护条件是什么？试比较其与水泥抗压强度试验养护条件的区别。

6.砂浆试验时,材料称量精度分别是什么？

6

墙体材料试验

通过本章的学习,了解砌墙砖和蒸压加气混凝土的抗压强度试验方法和强度等级确定。

本章引用的标准有:《砌墙砖试验方法》(GB/T 2542—2012);《蒸压加气混凝土性能试验方法》(GB/T 11969—2020)。

6.1 砌墙砖试验方法

砌墙砖试验方法以本方法为准,但在砌墙砖产品标准中列出有别于本方法的,以产品方法为准,如混凝土实心砖、混凝土多孔砖。

▶ 6.1.1 尺寸测量

(1)量具

砖用卡尺如图 6.1 所示,分度值为 0.5 mm。

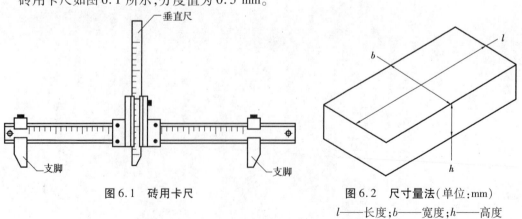

图 6.1 砖用卡尺

图 6.2 尺寸量法(单位:mm)
l——长度;b——宽度;h——高度

(2)测量方法

长度应在砖的 2 个大面的中间处分别测量 2 个尺寸;宽度应在砖的 2 个大面的中间处分

别测量2个尺寸;高度应在砖的2个条面的中间处分别测量2个尺寸,如图6.2所示。当被测处有缺损或凸出时,可在其旁边测量,但应选择不利的一侧。

(3)结果表示

每一方向尺寸以2个测量值的算术平均值表示,精确至1 mm。

▶ 6.1.2 砌墙砖抗折强度试验

(1)主要仪器设备

①材料试验机:试验机的示值相对误差不大于±1%,其下加压板应为球绞支座,预期最大破坏荷载应为量程的20%~80%。

②抗折夹具:抗折试验的加荷形式为三点加荷,其上压辊和下支辊的曲率半径为15 mm,下支辊应有一个为铰接固定。

③钢直尺:分度值为1 mm。

(2)准备工作

试样数量:10块。

试样应放在温度为(20±5)℃的水中浸泡24 h后取出,用湿布拭去其表面水分进行抗折强度试验。

①按尺寸测量的规定测量试样的宽度和高度尺寸各2个,分别取其算术平均值,精确至1 mm。

②调整抗折夹具下支辊的跨距为砖规格长度减去40 mm;但规格长度为190 mm的砖,其跨距为160 mm。

③将试样大面平放在下支辊上,试样两端面与下支辊的距离应相同,当试样有裂缝或凹陷时,应使有裂缝或凹陷的大面朝下,以(50~150)N/s的速度均匀加荷,直至试样断裂,记录最大破坏荷载 P。

(3)试验结果

每块试样的抗折强度 R_C(MPa)按下式计算(精确至0.01 MPa):

$$R_C = \frac{3PL}{2BH^2}$$

式中　P——最大破坏荷载,N;

　　　L——跨距,mm;

　　　B——试样宽度,mm;

　　　H——试样高度,mm。

试验结果以试样抗折强度的算术平均值和单块最小值表示。

▶ 6.1.3 砌墙砖抗压强度试验

(1)主要仪器设备

①材料试验机:试验机的示值相对误差不大于±1%,其上、下加压板至少应为一个球铰支座,预期最大破坏荷载应为量程的20%~80%。

②钢直尺:分度值不应大于1 mm。

③振动台、制样模具、搅拌机:应符合《砌墙砖抗压强度试样制备设备通用要求》(GB/T 25044—2010)的要求。

④抗压强度试验用净浆材料:应符合《砌墙砖抗压强度试验用净浆材料》(GB/T 25183—2010)的要求。

⑤切割设备。

(2)试样制备

试样数量:10块。

①一次成型制样:一次成型制样适用的砖需从中间部位切割,并能交错叠加放置,然后灌浆制成强度试验试样的方式。

a.将试样切断或锯成2个半截砖,断开的半截砖长不得小于100 mm,如图6.3所示。如果不足100 mm,应另取备用试样补足。

b.将已切割开的半截砖放入室温的净水中浸20～30 min后取出,在钢丝网架上滴水20～30 min,以断口相反方向(图6.4)装入制样模具中。用插板控制两个半砖间距不应大于5 mm,砖大面与模具间距不大于3 mm,砖断面、顶面与模具间垫以橡胶垫或其他密封材料,模具内表面涂油或脱模剂。制样模具及插板如图6.5所示。

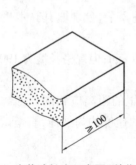

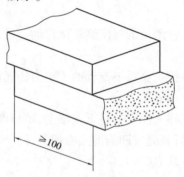

图6.3　半截砖长度示意图(单位:mm)　　图6.4　半砖叠合示意图(单位:mm)

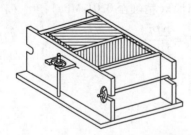

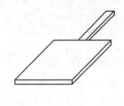

图6.5　一次成型制样模具及插板

②二次成型制样:二次成型制样适合采用整块样品上下表面灌浆制成强度试验试块的方式。

a.将整块试样放入室温的净水中浸20～30 min后取出,在钢丝网架上滴水20～30 min。

b.按照净浆材料配制要求,置于搅拌机中搅拌均匀。

c.模具内表面涂油或脱模剂,加入适量搅拌均匀的净浆材料,将整块试样的一个承压面与净浆接触,装入制样模具中,承压面找平层厚度不应大于3 mm。接通振动台电源,振动

0.5 ~ 1 min,停止振动,静置至净浆材料初凝(15 ~ 19 min)后拆模。按同样的方式完成整块试样另一承压面的找平。二次成型制样模具如图6.6所示。

③非成型制样:非成型制样适用于试样无须进行表面找平处理制样的方式。

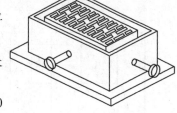

a.将试样锯成2个半截砖,2个半截砖用于叠合的部分长度不得小于100 mm;如果不足100 mm,应另取备用试样补足。

b.2个半截砖断口相反叠放,叠合部分的长度不得小于100 mm,如图6.4所示即为抗压强度试样。

图6.6　二次成型制样模具

(3)试样养护

一次成型制样、二次成型制样在温度不低于10 ℃的不通风室内养护4 h。非成型制样无须养护,试样气干状态直接进行试验。

(4)试验步骤

①测量每个试件连接面或受压面的长、宽尺寸各2个,分别取其平均值,精确至1 mm。

②将试件平放在加压板的中央,垂直于受压面加荷,应均匀平稳,不得发生冲击或振动。加荷速度以2 ~ 6 kN/s为宜,直至试件破坏为止,记录最大破坏荷载 P。

(5)试验结果

每块试样的抗压强度 R_p(MPa)按下式计算:

$$R_P = \frac{P}{LB}$$

式中　P——最大破坏荷载,N;

　　　L——受压面(连接面)的长度,mm;

　　　B——受压面(连接面)的宽度,mm。

试验结果以试样抗压强度的算术平均值和标准值或单块最小值表示。

6.2　蒸压加气混凝土抗压强度试验

▶　6.2.1　主要仪器设备和试验室

①电热鼓风干燥箱:最高温度200 ℃。

②托盘天平或磅秤:称量2 000 g,感量0.1 g。

③钢板直尺:规格为300 mm,分度值为1 mm。

④游标卡尺或数显卡尺:规格为300 mm,分度值为0.1 mm。

⑤恒温水槽:水温(20±2)℃。

⑥试验室温度:(20±5)℃。

▶ 6.2.2 试样

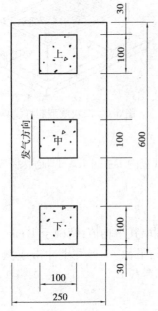

图 6.7 试件锯取示意图（单位:mm）

①试件的制备采用机锯。锯切时不应将试件弄湿。

②试件应沿制品发气方向中心部分按上、中、下的顺序锯取一组，"上"块的上表面距离制品顶面 30 mm，"中"块在制品正中处，"下"块的下表面距离制品底面 30 mm。

③试件表面应平整，不得有裂缝或明显缺陷，尺寸允许偏差应为 ±1 mm，平整度应不大于 0.5 mm，垂直度应不大于 0.5 mm。试件应逐块编号，从同一块试样中锯切出的试件为同一组试件，以"Ⅰ、Ⅱ、Ⅲ…"表示组号；当同一组试件有上、中、下位置要求时，以下标"上、中、下"注明试件锯取的位置；当同一组试件没有位置要求，则以下标"1，2，3…"注明，以区别不同试件；平行试件以"Ⅰ、Ⅱ、Ⅲ…"加注上标"+"以示区别。试件以"↑"标明发气方向。

以长度 600 mm，宽度 250 mm 的制品为例，试件锯取部位如图 6.7 所示。

试件表面必须平整，不得有裂缝或明显缺陷，尺寸允许偏差为 ±2 mm；试件应逐块编号，标明锯取部位和发气方向。

试件承压面的不平度应为每 100 mm 不超过 0.1 mm，承压面与相邻面的不垂直度不应超过 ±1°。

试样取 100 mm×100 mm×100 mm 立方体试件 3 组，1 组 3 块，共 9 块。

试件在含水率 8% ~12% 下进行试验。如果含水率超过上述规定范围，则在 (60±5)℃ 下烘至所要求的含水率。

▶ 6.2.3 试验步骤

①检查试件外观。

②测量试件的尺寸，精确至 1mm，并计算试件的受压面积(A_1)。

③将试件放在材料试验机下压板的中心位置，试件的受压方法应垂直于制品的发气方向。

④开动试验机，当上压板与试件接近时，调整球座，使接触均衡。

⑤以 (2.0±0.5)kN/s 的速度连续而均匀地加荷，直至试件破坏，记录破坏荷载(p_1)。

⑥将试验后的试件全部或部分立即称取质量，然后在 (105±5)℃ 下烘至恒重，计算其含水率。

▶ 6.2.4 试验结果

抗压强度 f_{cc}(MPa) 按下式计算:

$$f_{cc} = \frac{p_1}{A_1}$$

式中　p_1——破坏荷载,N;

　　　A_1——试件受压面积,mm^2。

单个试件抗压强度精确至 0.1 MPa,按 3 块试件试验值的算术平均值进行评定,精确至 0.1 MPa。

6.3　部分墙体材料产品强度等级评定方法

▶　6.3.1　烧结普通砖

参考《烧结普通砖》(GB/T5101—2017)。烧结普通砖按 6.1 节规定的砌墙试验方法进行试验。本章其他产品没有特别说明的,也按此法试验。其中试样数量为 10 块,加荷速度为 $(5±0.5)kN/s$。试验后按下式分别计算出强度变异系数 δ 和标准差 S,二者均精确至 0.01。

$$\delta = \frac{S}{f}$$

$$S = \sqrt{\frac{1}{9}\sum_{i=1}^{10}(f_i - \overline{f})^2}$$

式中　$\overline{f}$——10 块试样的抗压强度平均值,MPa,精确至 0.01;

　　　f_i——单块试样抗压强度测定值,MPa,精确至 0.01。

①变异系数 $\delta \leq 0.21$ 时,按表 6.1 中抗压强度平均值 $\overline{f}$、强度标准值 f_k 评定砖的强度等级。

样本量 $n = 10$ 时,强度标准值按下式计算:

$$f_k = \overline{f} - 1.8S$$

式中　f_k——强度标准值,MPa,精确至 0.01。

表 6.1　烧结空心砖和空心砌块强度等级　　　　　　　　单位:MPa

强度等级	抗压强度平均值 $\overline{f} \geq$	变异系数 $\delta \leq 0.21$	变异系数 $\delta > 0.21$	密度等级范围/(kg·m^{-3})
		强度标准值 $f_k \geq$	单块最小抗压强度值 $f_{min} \geq$	
MU10.0	10.0	7.0	8.0	≤1 100
MU7.5	7.5	5.0	5.8	
MU5.0	5.0	3.5	4.0	
MU3.5	3.5	2.5	2.8	
MU2.5	2.5	1.6	1.8	≤1 800

②变异系数 $\delta > 0.21$ 时,按表 6.2 中抗压强度平均值 $\overline{f}$、单块最小抗压强度值 f_{min} 评定砖的强度等级,单块最小抗压强度值精确至 0.1 MPa。

表6.2 烧结普通砖强度等级 单位：MPa

强度等级	抗压强度平均值 $\bar{f}\geqslant$	变异系数 $\delta\leqslant0.21$	变异系数 $\delta>0.21$
		强度标准值 $f_k\geqslant$	单块最小抗压强度值 $f_{min}\geqslant$
MU30	30.0	22.0	25.0
MU25	25.0	18.0	22.0
MU20	20.0	14.0	16.0
MU15	15.0	10.0	12.0
MU10	10.0	6.5	7.5

▶ **6.3.2 烧结多孔砖和多孔砌块**

参考《烧结多孔砖和多孔砌块》(GB/T 13544—2011)。强度以大面(有孔面)抗压强度结果表示,其中试样数量为10块。试验后按6.3.1节的计算公式算出强度标准差 S。

按表6.3中抗压强度平均值 $\bar{f}$、强度标准值 f_k 评定砖的强度等级。

表6.3 烧结多孔砖和多孔砌块强度等级 单位:MPa

强度等级	抗压强度平均值 $\bar{f}\geqslant$	强度标准值 $f_k\geqslant$
MU30	30.0	22.0
MU25	25.0	18.0
MU20	20.0	14.0
MU15	15.0	10.0
MU10	10.0	6.5

样本量 $n=10$ 时的强度标准值按下式计算:

$$f_k=\bar{f}-1.83S$$

▶ **6.3.3 烧结空心砖和空心砌块**

参考《烧结空心砖和空心砌块》(GB/T 13545—2014)。计算公式和评定方法与烧结普通砖一样,强度等级应符合表6.1的规定,其中试样数量为10块。

▶ **6.3.4 混凝土实心砖**

试验方法以《混凝土实心砖》(GB/T 21144—2007)为准,强度等级应符合表6.4的规定,其中试样数量为10块。

表6.4 混凝土实心砖强度等级   单位：MPa

强度等级	抗压强度	
	10块平均值≥	单块值≥
MU40	40.0	35.0
MU35	35.0	30.0
MU30	30.0	24.0
MU25	25.0	20.0
MU20	20.0	16.0
MU15	15.0	12.0
MU10	10.0	8.0

▶ 6.3.5 承重混凝土多孔砖

承重混凝土多孔砖抗压强度试验方法参考《承重混凝土多孔砖》(GB/T 25779—2010)进行，强度等级应符合表6.5的规定，其中试样数量为10块。

表6.5 承重混凝土多孔砖   单位：MPa

强度等级	抗压强度	
	10块平均值≥	单块值≥
MU15	15.0	12.0
MU20	20.0	16.0
MU25	25.0	20.0

▶ 6.3.6 非承重混凝土空心砖

非承重混凝土空心砖抗压强度试验方法参考《非承重混凝土空心砖》(GB/T 24492—2009)进行，强度等级应符合表6.6的规定，其中试样数量为10块。

表6.6 非承重混凝土空心砖   单位：MPa

强度等级	密度等级范围	抗压强度	
		10块平均值≥	单块值≥
MU5	≤900	5.0	4.0
MU7.5	≤1100	7.5	6.0
MU10	≤1400	10.0	8.0

▶ 6.3.7 粉煤灰砖

参考《粉煤灰砖》(JC 239—2014)。强度指标要求见表6.7，取样数量均为抗压10块、抗折10块。

表6.7　粉煤灰砖强度指标　　　　　　　　　　　　单位：MPa

强度等级	抗压强度		抗折强度	
	10块平均值≥	单块值≥	10块平均值≥	单块值≥
MU30	30.0	24.0	6.2	5.0
MU25	25.0	20.0	5.0	4.0
MU20	20.0	16.0	4.0	3.2
MU15	15.0	12.0	3.3	2.6
MU10	10.0	8.0	2.5	2.0

▶ 6.3.8　蒸压加气混凝土砌块

参考《蒸压加气混凝土砌块》(GB/T 11968—2020)。以3组抗压强度试件测定结果对照表6.8判定其强度级别。当强度和干密度级别符合表6.9和表6.10规定,3组试件中各个单组抗压强度平均值全部大于表6.10规定的相应强度级别的最小值时,判定该批砌块强度等级符合相应等级;若有1组或1组以上小于此强度级别的最小值时,判定该批砌块强度等级不符合相应等级。

表6.8　砌块的立方体抗压强度　　　　　　　　　　单位：MPa

强度级别	立方体抗压强度	
	平均值≥	单组最小值≥
A1.0	1.0	0.8
A2.0	2.0	1.6
A2.5	2.5	2.0
A3.5	3.5	2.8
A5.0	5.0	4.0
A7.5	7.5	6.0
A10.0	10.0	8.0

表6.9　砌块的干密度　　　　　　　　　　单位：kg/m³

干密度级别		B03	B04	B05	B06	B07	B08
干密度	优等品(A)≤	300	400	500	600	700	800
	合格品(B)≤	325	425	525	625	725	825

表6.10　砌块的强度等级　　　　　　　　　　单位：MPa

干密度级别		B03	B04	B05				B06	B07	B08
强度等级	优等品（A）	A1.0	A2.0	A3.5	A5.0	A7.5	A10.0			
	合格品（B）			A2.5	A3.5	A5.0	A7.5			

思考题

1. 烧结普通砖如何确定强度等级？

2. 在测量砌墙砖长度时，为什么要用砖用卡尺而不用钢尺？

3. 多孔砖与空心砖的主要区别是什么？

4. 在进行蒸压加气混凝土砌块力学试验时，为什么规定试件在含水率8%～12%下进行试验？

5. 为什么测量砖的外观尺寸时要用砖用卡尺，而不用游标卡尺？

6. 砖砌墙做抗压强度试验时，对试验机的要求有哪些？

7 钢筋试验

通过本章的学习,掌握测定低碳钢的屈服强度、抗拉强度、断后伸长率的方法,熟悉低碳钢拉伸和弯曲试验方法,了解钢筋强度等级的评定方法。

本章引用的标准有《金属材料 拉伸试验 第 1 部分:室温试验方法》(GB/T 228.1—2021);《金属材料 弯曲试验方法》(GB/T 232—2010)。

7.1 钢筋的拉伸性能试验

试验是用拉力拉伸试样,一般拉至断裂,测定一项或几项力学性能。除非另有规定,试验应在 10 ~ 35 ℃的室温下进行。对于室温不满足上述要求的试验室,应评估此类环境条件下运行的试验机对试验结果和/或校准数据的影响。当试验和校准超过 10 ~ 35 ℃的要求时,应记录和报告温度。如果在试验和/或校准过程中存在较大温度梯度,测量不确定度可能上升并可能出现超差情况。

对温度要求严格的试验,试验温度应为(23±5)℃。

▶ **7.1.1 主要仪器设备**

①试验机:应经周期检定或校准,并应为Ⅰ级或优于Ⅰ级的准确度。

②游标卡尺:精度不大于 0.05 mm。

③钢板尺:精度小于 1 mm。

④钢筋标点机。

▶ **7.1.2 试验步骤**

(1)原始标距的选择和标记

对于比例试样,若原始标距不为 $5.65\sqrt{S_0}$(其中 S_0 为平行长度的原始横截面积),符号 A 宜附以下脚标说明所使用的比例系数。例如,$A_{11.3}$ 表示原始标距为 $11.3\sqrt{S_0}$ 按照公式计算的断后伸长率。

$$L_o = 11.3 \sqrt{S_o}$$

式中　k——比例系数,国际上使用的比例系数 k 的值为 5.65,特殊情况除外;

　　　　S_o——原始横截面积。

如:直径为 12 mm 的钢筋,根据公式计算,得原始标距 L_o 为 60 mm,若以 10 mm 间距在钢筋上做标记点,则 60 mm 的长度表示为连续 6 格或 7 个点。

对于比例试样,若原始标距不为 $5.65\sqrt{S_o}$(S_o 为平行长度的原始横截面积),符号 A 应附以下脚注说明所使用的比例系数,例如,$A_{11.3}$ 表示原始标距为 $11.3\sqrt{S_o}$ 的断后伸长率。对于非比例试样,符号 A 应附以下脚注说明所使用的原始标距,以 mm 表示,例如,$A_{80\text{ mm}}$ 表示原始标距为 80 mm 的断后伸长率。

对于断后伸长率 A 的手动测定,原始标距 L_o 的两端应使用细小的点或线进行标记,但不能使用引起过早断裂的标记。原始标距应以 ±1% 的准确度标记。

对于比例试样,如果原始标距的计算值与其标记值之差小于 $10\% L_o$,则可将原始标距的计算值按《数值修约规则与极限数值的表示和判定》(GB/T 8170—2008)修约至最接近 5 mm 的倍数。

如平行长度(L_o)比原始标距长许多,例如不经机加工的试样,可以标记一系列套叠的原始标距。有时,可以在试样表面画一条平行于试样纵轴的线,并在此线上标记原始标距。

(2)设定试验力零点

在试验加载链装配完成后,试样两端被夹持之前,应设定力测量系统的零点。一旦设定了力测量系统零点,在试验期间力测量系统不能再发生变化。上述方法一方面是为了确保夹持系统的重量在测力时得到补偿,另一方面是为了保证夹持过程中产生的力不影响力值的测量。

(3)试样的夹持方法

应使用如楔形夹头、螺纹夹头、平推夹头、套环夹具等合适的夹具夹持试样。宜确保夹持的试样受轴向拉力的作用,尽量减小弯曲。这对试验脆性材料或测定规定塑性延伸强度、规定总延伸强度、规定残余延伸强度或屈服强度尤为重要。

为了确保试样与夹头对中,可施加不超过规定强度或预期屈服强度 5% 的相应预拉力。宜对预拉力的延伸影响进行修正。

(4)试验速率

①试验速率有应变速率控制和应力速率控制两种,本书介绍应力速率控制方法。

在弹性范围和直至上屈服强度,试验机夹头的分离速率应尽可能保持恒定并在表 7.1 规定的应力速率范围内。

表 7.1　应力速率

材料弹性模量 E/MPa	应力速率 R/(MPa·s⁻¹)	
	最小	最大
<150 000	2	20
≥150 000	6	60

②屈服期间应变速率应在 0.000 25 ~ 0.002 5 s^{-1}。应变速率应尽可能保持恒定,如不能直接调节这一应变速率,应通过调节屈服即将开始前的应力速率来调整,在屈服完成之前不再调节试验机的阀门。

③测定屈服期间后,试验速率可以增加到不大于 0.008 s^{-1} 的应变速率。

(5)断后伸长率的测定

为了测定断后伸长率,应将试样断裂的部分仔细地配接在一起,使其轴线处于同一直线上,并采取特别措施确保试样断裂部分适当接触后,尽量以断裂处为中心测量试样断后的原始标距,即断后标距(L_u)。

断后伸长率 A 按下式计算:

$$A = \frac{L_u - L_o}{L_o} \times 100$$

式中 L_u——断后标距,mm;

L_o——原始标距,mm。

应使用分辨率足够的量具或测量装置测定断后伸长量($L_u - L_o$),精确到±0.25 mm。

如规定的最小断后伸长率小于5%,建议采取特殊方法进行测定。原则上只有断裂处与最接近的标距标记的距离不小于原始标距的1/3 方为有效。但断后伸长率大于或等于规定值,不管断裂位置处于何处,测量均为有效。如断裂处与最接近的标距标记的距离小于原始标距的1/3,则可采用规定的移位法测定断后伸长率。

7.2 钢筋的弯曲试验

弯曲试验是以圆形、方形、矩形或多边形横截面试样在弯曲装置上经受弯曲塑性变形,不改变加力方向,直至达到规定的弯曲角度。试验一般在室温 10 ~ 35 ℃范围内进行。对温度要求严格的试验,试验温度为(23±5)℃。

▶ **7.2.1 主要仪器设备**

弯曲试验机或万能材料试验机及不同直径的弯心。

▶ **7.2.2 试验步骤(支辊式弯曲)**

①根据具体的相关产品标准的规定,选择合适的弯心,并安装于试验机上。

②调整试验机的支辊间距 l(mm)。支辊间距按下式确定:

$$l = (D + 3a) \pm 0.5a$$

式中 D——弯心直径,mm;

a——试样厚度或直径或多边形横截面内切圆直径,mm。

此距离在试验期间保持不变。

③将准备好的试样放置在两支辊中间。试样轴线应与弯心轴线垂直,并使弯心对准两支辊之间的中点处。

④启动试验机,以平稳压力向试件缓慢而连续地施加试验力使之弯曲,直至达到规定的

弯曲角度,如图7.1 所示。

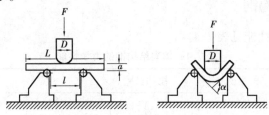

图7.1 支辊式弯曲示意图

⑤取出弯曲试样,不使用放大仪器观察,试样弯曲外表面无可见裂纹评定为合格。

7.3 部分钢材质量要求

▶ 7.3.1 热轧光圆钢筋

热轧光圆钢筋力学性能及冷弯试验要求见表7.2。

表7.2 热轧光圆钢筋力学性能及冷弯试验要求

牌号	屈服强度 R_{eL}/MPa	抗拉强度 R_m/MPa	断后伸长率 A/%	最大力总伸长率 A_{gt}/%	d—弯心直径 a—公称直径 (冷弯试验的弯曲角度为180°)
			≥		
HPB235	235	370	25.0	10.0	$d=a$
HPB300	300	420			

▶ 7.3.2 热轧带肋钢筋

热轧带肋钢筋力学性能及冷弯试验要求见表7.3。

表7.3 热轧带肋钢筋力学性能及冷弯试验要求

牌号	屈服强度 R_{eL}/MPa	抗拉强度 R_m/MPa	断后伸长率 A/%	最大力总伸长率 A_{gt}/%	公称直径 d	d—弯心直径 a—公称直径 (冷弯试验的弯曲角度为180°)
			≥			
HRB335 HRBF335	335	455	17		6~25	$d=3a$
					28~40	$d=4a$
					>40~50	$d=5a$
HRB400 HRBF400	400	540	16	7.5	6~25	$d=4a$
					28~40	$d=5a$
					>40~50	$d=6a$
HRB500 HRBF500	500	630	15		6~25	$d=6a$
					28~40	$d=7a$
					>40~50	$d=8a$

▶ 7.3.3 碳素结构钢

碳素结构钢的力学性能见表7.4。

表7.4 碳素结构钢的力学性能

牌号	质量等级	拉伸试验												冲击试验	
		屈服点 σ_s/(N·mm^{-2})						抗拉强度 σ_b/(N·mm^{-2})	伸长率 A/%					V型冲击功纵向/J	
		钢材厚度(直径)/mm							钢材厚度(直径)/mm					温度/℃	
		≤16	>16~40	>40~60	>60~100	>100~150	>150~200		≤40	>40~60 >40~60	>60~100	>100~150	>150~200		
		≥							≥				≥		≥
Q195	—	195	185	—	—	—	—	315~430	33	—	—	—	—	—	—
Q215	A	215	205	195	185	175	165	335~450	31	30	29	27	26	—	—
	B													20	27
Q235	A	235	225	215	215	195	185	375~500	26	25	24	22	21	—	—
	B													20	27
	C													0	27
	D													−20	
Q275	A	275	265	255	245	225	215	410~540	22	21	20	18	17	—	—
	B													20	27
	C													—	27
	D													−20	

碳素结构钢的冷弯试验要求见表7.5。

表7.5 碳素结构钢的冷弯试验要求

牌号	试样方向	冷弯试验:试件沿长度方向放置于支辊上,B=2a,弯曲角度为180°	
		钢材厚度(或直径)/mm	
		≤60	>60~100
		弯心直径 d/mm	
Q195	纵	0	—
	横	0.5a	
Q215	纵	0.5a	1.5a
	横	a	2a

牌号	试样方向	冷弯试验:试件沿长度方向放置于支辊上,$B=2a$,弯曲角度为180°	
		钢材厚度(或直径)/mm	
		≤60	>60~100
		弯心直径 d/mm	
Q235	纵	a	$2a$
	横	$1.5a$	$2.5a$
Q275	纵	$1.5a$	$2.5a$
	横	$2a$	$3a$

注:B 为试样宽度,a 为试样厚度或直径;钢材厚度或直径大于 100 mm 时,弯曲试验由供需双方协商确定。

思考题

1. 进行钢材伸长率试验时,试件标距长度如何确定,试件拉断后标距如何量取?

2. 为什么 Q235 钢被广泛用于建筑工程中?

3. 一钢材试件,直径为 25 mm,原标距为 125 mm,做拉伸试验,屈服点荷载为 201.0 kN,达到最大荷载为 250.3 kN,拉断后测的标距长为 138 mm,求该钢筋的屈服点、抗拉强度及拉断后的伸长率。

4. 什么是钢材的冷弯性能? 怎样判定钢材冷弯性能是否合格?

5. 在钢筋拉伸试验时,最主要有哪 3 个指标?

沥青试验

通过本章的学习,掌握测定沥青的软化点、延度及针入度的试验方法,熟悉3个沥青试验的各种仪器和设备。

本章引用的标准有:《沥青针入度测定法》(GB/T 4509—2010);《沥青延度测定法》(GB/T 4508—2010);《沥青软化点测定法 环球法》(GB/T 4507—2014)。

8.1　沥青针入度测定

▶ 8.1.1　一般规定

本方法适用于测定针入度范围为(0~500)1/10 mm的固体和半固体沥青材料的针入度。

沥青的针入度以标准针在一定的荷重、时间及温度条件下垂直穿入沥青试样的深度表示,单位为1/10 mm。除非另行规定,标准针、针连杆与附加砝码的总质量为(100±0.05)g,温度为(25±0.1)℃,时间为5 s。特定试验条件应参照表8.1的规定。

表8.1　针入度特定试验条件规定

温度/℃	荷重/g	时间/s
0	200	60
4	200	60
46	50	5

▶ 8.1.2　主要仪器设备

①针入度仪:凡允许针连杆在无明显摩擦下垂直运动,并且能指示穿入深度精确至0.1 mm的仪器。

②标准针:应由硬化回火的不锈钢制成,其尺寸应符合规定。

③试样皿:金属圆筒形平底容器。针入度小于 40 时,试样皿直径为 33~55 mm,内部深度为 8~16 mm;针入度为 40~200 时,试样皿直径为 55 mm,内部深度为 35 mm;针入度为 200~350 时,试样皿直径为 55~75 mm,深度为 45~70 mm;针入度为 350~500 时,试样皿直径为 55 mm,深度为 70 mm。

④恒温水浴:容量不小于 10 L,能保持温度在试验温度的±0.1 ℃范围内。水浴中距水底部 50 mm 处有一个带孔的支架,这一支架离水面至少有 100 mm。如果针入度测定时在水浴中进行,支架应足够支撑针入度仪。在低温下测定针入度时,水浴中装入盐水。

⑤温度计:液体玻璃温度计,刻度范围为-8~55 ℃,分度为 0.1 ℃。

⑥平底玻璃皿:容量不小于 350 mL,深度要没过最大的样品皿。内设一个不锈钢三角支架,以保证试样皿稳定。

⑦计时器:刻度为 0.1 s 或小于 0.1 s,60 s 内的准确度达到 0.1 s 的任何计时装置均可。

▶ ### 8.1.3 试验过程

(1)试验准备

①小心加热样品,不断搅拌以防局部过热,加热到使样品易于流动。加热时焦油沥青的加热温度不超过软化点 60 ℃,石油沥青不超过软化点 90 ℃。加热时间在保证样品充分流动的基础上尽量短。加热、搅拌过程中避免试样中进入气泡。

②将试样倒入预先选好的试样皿中,试样深度至少应是预计锥入深度的 120%。如果试样皿的直径小于 65 mm,而预取针入度高于 200,每个试验条件都要倒 3 个样品。如果样品足够,浇注的样品要达到试样皿边缘。

③将试样皿松松地盖住以防灰尘落入。在 15~30 ℃的室温下,小的试样皿(ϕ33 mm×16 mm)中的样品冷却 45~90 min,中等试样皿(ϕ55 mm×35 mm)中的样品冷却 1~1.5 h;直径 55~75 mm,深度 45~70 mm 的试样皿中的样品冷却 1.5~2.0 h,冷却结束后将试样皿和平底玻璃皿一起放入测试温度下的水浴中,水面应没过试样表面 10 mm 以上。在规定的试验温度下保持恒温,小试样皿恒温 45~90 min,中试样皿恒温 1~1.5 h,更大试样皿恒温 1.5~2.0 h。

(2)试验步骤

①调节针入度仪的水平,检查连杆和导轨,确保上面没有水和其他物质。如果针入度超过 350,则应选择长针,否则用标准针。先用合适的溶剂将针擦干净,再用干净的布擦干,然后将针插入针连杆中固定。放好规定质量的砝码。

②如果测试时针入度仪是在水浴中,则直接将试样皿放于浸在水中的支架上,使试样完全浸在水中。如果试验时针入度仪不在水浴中,则将已恒温到试验温度的试样皿放在平板玻璃皿中的三角支架上,用与水浴相同温度的水完全覆盖样品,将平板玻璃皿放在针入度仪的平台上。慢慢放下针连杆,使针尖刚刚接触到试样的表面,必要时用放置在合适位置的光源观察针头位置,使针尖与水中针头的投影刚刚接触为止。轻轻拉下活杆,使其与针连杆顶端接触,调节针入度仪上的表盘读数指零或归零。

③在规定时间内快速释放针连杆,同时启动秒表或计时装置,使标准针自由下落穿入沥青试样中,到规定时间使标准针停止移动。

④拉下活杆,再使其与针连杆顶端接触,此时表盘指针的读数即为试样的针入度;或以自

动方式停止穿入,通过数据显示设备直接读出穿入深度数值,得到针入度,用 1/10 mm 表示。

⑤同一试样重复测定至少 3 次,每一试验点的距离和试验点与试样皿边缘的距离都不得小于 10 mm。每次试验前都应将试样和平底玻璃皿放入恒温水浴中,每次测定都要用干净的针。当针入度小于 200 时可将针取下用合适的溶剂擦净后继续使用。当针入度超过 200 时,每个试样皿中扎一针,3 个试样皿得到 3 个数据。或者每个试样至少用 3 根针,每次试验用的针留在试样中,直到 3 根针扎完时再将针从试样中取出。这样测得的针入度的最高值和最低值之差,不得超过平均值的 4%。

(3)试验结果

取 3 次测定针入度的算术平均值,取至整数作为试验结果。3 次测定的针入度最大差值不应大于表 8.2 规定的数值,否则,应重做试验。

表 8.2 针入度测定允许最大差值

针入度	0 ~ 49	50 ~ 149	150 ~ 249	250 ~ 350
最大差值	2	4	6	10

8.2 沥青延度测定

▶ 8.2.1 一般规定

将熔化的试样注入专用模具中,先在室温冷却,然后放入保持在试验温度下的水浴中冷却,用热刀削去高出模具的试样,把模具重新放回水浴,经一定时间后,移到延度仪中进行试验。记录沥青试件在一定温度下以一定速度把规定的试件拉伸至断裂时的长度。没有特殊说明,试验温度为(25±0.5)℃,拉伸速度为(5±0.25)cm/min。

▶ 8.2.2 主要仪器设备

①延度仪:凡能满足试验步骤中规定的将试件持续浸没于水中,按照一定的速度拉伸试件的仪器均可使用。该仪器在开动时应无明显的振动。

②试件模具:用黄铜制造,由 2 个弧形端模和 2 个侧模组成。

③水浴:能保持试验温度变化不大于 0.1 ℃,容量至少为 10 L,试件浸入水中深度不得小于 10 cm,水浴中设置带孔搁架以支撑试件,搁架距底部不得小于 5 cm。

④温度计:量程 0 ~ 50 ℃,分度为 0.1 ℃和 0.5 ℃各一支。

⑤隔离剂:按质量计,2 份甘油和 1 份滑石粉调制而成。

⑥支撑板:黄铜板。

▶ **8.2.3 试验过程**

(1)试验准备

①将模具组装在支撑板上,将隔离剂涂于支撑板表面及侧模的内表面,以防沥青黏在模具上。板上的模具要水平放好,以便模具的底部能够充分与板接触。

②小心加热样品,充分搅拌以防局部过热,直到样品容易倾倒。石油沥青加热温度不超过预计石油沥青软化点 90 ℃,煤焦油沥青的加热温度不超过煤焦油沥青预计软化点 60 ℃。样品的加热时间在不影响样品性质和保证样品充分流动的基础上尽量短。将加热后的样品充分搅拌后倒入模具,在组装模具时要小心,不要弄乱了配件。在倒样时,使试样呈细流状,自模的一端至另一端往返倒入,使试样略高出模具,将试件在空气中冷却 30 ~ 40 min,然后放在规定温度的水浴中保持 30 min 取出,用热刀将高出模具的沥青刮去,使沥青面与模面齐平。

③恒温:将支撑板、模具和试样一起放入水浴中,并在试验温度下保持 85 ~ 95 min,然后从板上取下试件,拆掉侧模,立即进行拉伸试验。

(2)试验步骤

①将模具两端的孔分别套在试验仪器的柱上,然后以一定的速度拉伸,直到试件拉伸断裂。拉伸速度允许误差在 ±5% 以内,测量试件从拉伸到断裂所经过的距离,以 cm 表示。试验时,试件距水面和水底的距离不小于 2.5 cm,并且要使温度保持在规定温度的 ±0.5 ℃ 范围内。

②如发现沥青细丝浮于水面或沉入槽底时,则试验不正常。应使用乙醇或氯化钠调整水的密度,使沥青材料既不浮于水面,又不沉于槽底。

③正常的试验应拉成锥形、线性或柱形,直至在断裂时实际横断面面积接近于零或呈一均匀断面。如果 3 次试验得不到正常结果,则报告在该条件下延度无法测定。

(3)试验结果

若 3 个试件测定值在其平均值的 5% 以内,取 3 个结果的平均值作为测定结果。若 3 个试件测定值不在其平均值的 5% 以内,但其中 2 个较高值在平均值的 5% 之内,则弃去最低测定值,取 2 个较高值的平均值作为测定结果,否则重新测定。

8.3 沥青软化点测定——环球法

▶ **8.3.1 一般规定**

本小节规定了用环球法测定沥青软化点的方法。本方法适用于环球法测定沥青材料软化点(测定的软化点范围为 -157 ~ 30 ℃)

▶ **8.3.2 主要仪器设备**

①环:两只黄铜肩或锥环,如图 8.1—图 8.2 所示。

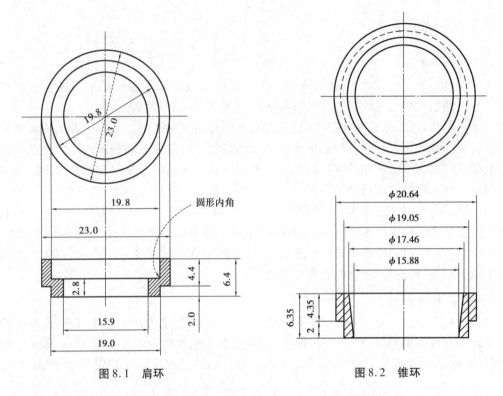

图 8.1　肩环

图 8.2　锥环

②支撑板:扁平光滑的黄铜板或瓷砖,其尺寸约为 50 mm×75 mm。

③温度计:量程为 30~80 ℃,分度为 0.5 ℃。

④球:两个直径为 9.5 mm 的钢球(图 8.3),每次质量为(3.5±0.05)g。

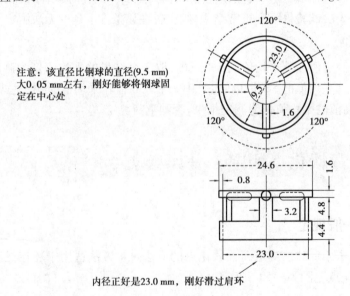

注意:该直径比钢球的直径(9.5 mm)
大 0.05 mm 左右,刚好能够将钢球固
定在中心处

内径正好是 23.0 mm,刚好滑过肩环

图 8.3　钢球定位器

⑤钢球定位器:两只钢球定位器用于使钢球定位于试样中央。

⑥浴槽:可以加热的玻璃容器,其内径不小于 85 mm,离加热底部的深度不小于 120 mm。

⑦环支撑架和组装:一只铜支撑架用于支撑两个水平位置的环(图8.4),其形状和尺寸见图8.5。支撑架上的肩环的底部距离下支撑板的上表面25 mm,下支撑板的下表面距离浴槽底部(16±3)mm。

⑧刀:切沥青用。

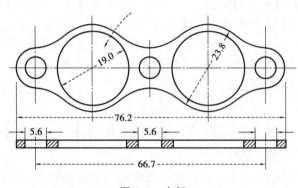

图8.4　支架

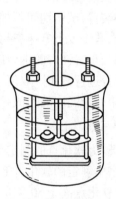

图8.5　组合装置

▶ 8.3.3　试验过程

(1)准备工作

①石油沥青、改性沥青、天然沥青以及乳化沥青残留物加热温度不应超过预计沥青软化点110 ℃。煤焦油沥青样品加热温度不应超过煤焦油沥青预计软化点55 ℃。

②如果样品为按照SH/T 0099.4、SH/T 0099.16、NB/SH/T 0890方法得到的乳化沥青残留物或高聚物改性乳化沥青残留物,可将其热残留物搅拌均匀后直接注入试模中。

③若估计软化点在120 ~157 ℃,应将黄铜环与支撑板预热至80 ~100 ℃,然后将铜环放到涂有隔离剂的支撑板上。否则会出现沥青试样从铜环中完全脱落的现象。

④向每个环中倒入略过量的沥青试样,让试件在室温下至少冷却30 min。对于在室温下较软的样品,应将试件在低于预计软化点10 ℃以上的环境中冷却30 min。从开始倒试样时起至完成试验的时间不得超过240 min。

⑤当试样冷却后,用稍加热的小刀或刮刀干净地刮去多余的沥青,使得每一个圆片饱满且和环的顶部齐平。

(2)试验步骤

①选择下列一种加热介质和适用于预计软化点的温度计或测温设备。

a.新煮沸过的蒸馏水适合软化点为30 ~80 ℃的沥青,起始加热介质温度应为(5±1)℃。

b.甘油适合软化点为80 ~157 ℃的沥青,起始加热介质的温度应为(30±1)℃。

c.为了进行仲裁,所有软化点低于80 ℃的沥青应在水浴中测定,而软化点在(80 ~157)℃的沥青材料在甘油浴中测定。仲裁时采用标准中规定的相应的温度计,或者上述内容由买卖双方共同决定。

②把仪器放在通风橱内并配置两个样品环、钢球定位器,将温度计插入合适的位置,浴槽装满加热介质,并使各仪器处于适当位置。用镊子将钢球置于浴槽底部,使其同支架的其他部位达到相同的起始温度。

③如果有必要,将浴槽置于冰水中,或小心加热并维持适当的起始浴温 15 min,并使仪器处于适当位置,注意不要污染浴液。

④再次用镊子从浴槽底部将钢球夹住并置于定位器中。

⑤从浴槽底部加热使温度以恒定的速率 5 ℃/min 上升。为防止通风的影响,有必要时可用保护装置,试验期间不能取加热速率的平均值,但在 3 min 后,升温速度应达到(5±0.5)℃/min,若温度上升速率超过此限定范围,则此次试验失败。

⑥当包着沥青的钢球触及下支撑板时,分别记录温度计所显示的温度。无须对温度计的浸没部分进行校正。取两个温度的平均值作为沥青材料的软化点。当软化点为 30 ~ 157 ℃时,如果两个温度的差值超过 1 ℃ ,则重新试验。

(3)试验结果

①因为软化点的测定是条件性的试验方法,对于给定的沥青试样,当软化点略高于 80 ℃时,水浴中测定的软化点低于甘油浴中测定的软化点。

②软化点高于 80 ℃时,从水浴变成甘油浴的变化是不连续的。在甘油浴中所报告的沥青软化点最低可能为 84.5 ℃,而煤焦油沥青的软化点最低可能为 82 ℃。当甘油浴中软化点低于这些值时,应转变为水浴中的软化点 80 ℃或更低,并在报告中注明。

③将甘油浴软化点转化为水浴软化点时,石油沥青的校正值为−4.5 ℃,煤焦油沥青的为−2.0 ℃。采用此校正值只能粗略地表示出软化点的高低,欲得到准确的软化点应在水浴中重复试验。

④在任何情况下,如果甘油浴中所测得的石油沥青软化点的平均值为 80.0 ℃或更低,煤焦油沥青软化点的平均值为 77.5 ℃或更低,则应在水浴中重复试验。

思考题

1. 黏稠石油沥青的三大指标是什么? 它们各表示沥青的什么性能?
2. 沥青的气候分区原则是什么?
3. 影响沥青三大指标的条件是什么?
4. 沥青软化点试验要用到哪些仪器?
5. 在沥青延度试验中,氯化钠或乙醇的作用是什么? 什么情况下用?

9 沥青混合料试验

通过本章的学习,掌握测定沥青软化点、延度及针入度的试验方法,熟悉3个沥青试验的各种仪器和设备。

本章引用的标准有:《沥青针入度测定法》(GB/T 4509—2010);《沥青延度测定法》(GB/T 4508—2010);《沥青软化点测定法 环球法》(GB/T 4507—2014)。

9.1 沥青混合料试件制作(击实法)

▶ 9.1.1 一般规定

沥青混合料试件制作的矿料规格及试件数量应符合该试验规程的规定。试验规定了用标准击实法制作沥青混合料试件的方法,以供试验室进行沥青混合料物理力学性质试验使用。进行沥青混合料配合比设计时,矿料规格及试件数量应符合如下规定:试件尺寸应符合试件直径不小于最大集料粒径的4倍,厚度不小于最大集料粒径的1~1.5倍的规定,对于直径为101.6 mm的试件,集料最大粒径应不大于26.5 mm(圆孔筛30 mm)。对于粒径大于26.5 mm(圆孔筛30 mm)的粗粒式沥青混合料,其大于26.5 mm(圆孔筛30 mm)的部分应用等量的13.2~26.5 mm(圆孔筛15~30 mm)集料代替(替代法)。一组试件的数量至少为3个,必要时可增加至5~6个。标准击实法适用于马歇尔试验、间接抗拉试验(劈裂法)等所使用的 $\phi101.6$ mm×63.5 mm 圆柱体试件的成型。大型击实法适用于 $\phi152.4$ mm×95.3 mm 的大型圆柱体试件的成型。

▶ 9.1.2 主要仪器设备

①击实仪:由击实锤、压实头及带手柄的导向棒组成。
②标准击实台。
③试验室用沥青混合料拌和机。

④脱模器。

⑤试模:每种至少3组。

⑥烘箱:大、中型各一台,装有温度调节器。

⑦天平或电子秤:用于称量矿料的感量不大于0.5 g,用于称量沥青的感量不大于0.1 g。

⑧沥青运动黏度测定设备:毛细管黏度计或赛波特黏度计。

⑨插刀或大螺丝刀。

⑩温度计:分度值不大于1 ℃。

⑪其他:电炉或煤气炉、沥青熔化锅、拌和铲、标准筛、滤纸(或普通纸)、胶布、卡尺、秒表、棉纱等。

▶ 9.1.3 试验过程

①决定制作沥青混合料试件的拌和与压实温度。

当缺乏沥青黏度测定条件时,试件的拌和与压实温度可按表9.1选用,并根据沥青品种和标号作适当调整。针入度小、稠度大的沥青取高限,针入度大、稠度小的沥青取低限,一般取中值。对于改性沥青,应根据改性剂的品种和用量,适当提高混合料的拌和和压实温度;对于大部分聚合物改性沥青,需在基质沥青的基础上提高15～30 ℃左右,掺加纤维时,尚须再提高10 ℃左右。

表9.1　沥青混合料拌和及压实温度参考表

沥青种类	拌和温度/℃	压实温度/℃
石油沥青	130～160	120～150
煤沥青	90～120	80～110
改性沥青	160～175	140～170

常温沥青混合料的拌和及压实在常温下进行。

②在试验室人工配制沥青混合料时,材料准备按下列步骤进行:

a.将各种规格的矿料置于(105±5)℃的烘箱中烘干至恒重(一般不少于4～6 h)。根据需要,粗集料可先用水冲洗干净后烘干,也可将粗细集料过筛后用水冲洗再烘干备用。

b.按规定的试验方法分别测定不同粒径粗、细集料及填料(矿粉)的各种密度,按《沥青密度与相对密度》(T 0603—2011)测定沥青的密度。

c.将烘干分级的粗细集料,按每个试件设计级配成分要求称其质量,在一金属盘中混合均匀,矿粉单独加热,置烘箱中预热至沥青拌和温度以上约15 ℃(采用石油沥青通常需163 ℃;采用改性沥青时通常需180 ℃)备用。一般按一组试件(每组4～6个)备料,但进行配合比设计时宜对每个试件分别备料。当采用代替法时,对粗集料中粒径大于26.5 mm的部分,以13.2～26.5 mm粗集料等量代替。常温沥青混合料的矿料不加热。

d.用恒温烘箱、油浴或电热套将沥青试样熔化加热至规定的沥青混合料拌和温度备用,但不得超过175 ℃。当不得已采用燃气炉或电炉直接加热进行脱水时,必须用石棉垫隔开。

e.用沾有少许黄油的棉纱擦净试模、套筒及击实座等,置于100 ℃左右烘箱中加热1 h备用。常温沥青混合料用试模不加热。

③拌制沥青混合料(本节所用沥青为黏稠石油沥青或煤沥青):

a. 将沥青混合料拌和机预热至拌和温度以上 10 ℃左右备用。

b. 将每个试件预热的粗细集料置于拌和机中,用小铲子适当混合,然后再加入需要数量的已加热至拌和温度的沥青,开动拌和机一边搅拌,一边将拌和叶片插入混合料中拌和 1 ~ 1.5 min,然后暂停拌和,加入单独加热的矿粉,继续拌和至均匀为止,并使沥青混合料保持在要求的拌和温度范围内。标准的总拌和时间为 3 min。

④成型方法:

A. 马歇尔标准击实法,成型步骤如下:

a. 将拌好的沥青混合料,均匀称取一个试件所需的用量(标准马歇尔试件约 1 200 g,大型马歇尔试件约 4 050 g)。当已知沥青混合料的密度时,可根据试件的标准尺寸计算并乘以 1.03 得到要求的混合料数量。当一次拌和几个试件时,宜将其倒入经预热的金属盘中,用小铲适当拌和均匀分成几份,分别取用。在试件制作过程中,为防止混合料温度下降,应连盘放在烘箱中保温。

b. 从烘箱中取出预热的试模及套筒,用沾有少许黄油的棉纱擦拭套筒、底座及击实锤底面,将试模装在底座上,垫一张圆形的吸油性小的纸,按四分法从四个方向用小铲将混合料铲入试模中,用插刀或大螺丝刀沿周边插捣 15 次、中间 10 次。插捣后将沥青混合料表面整平成凸圆弧面。对于大型马歇尔试件,混合料分两次加入,每次插捣次数同上。

c. 插入温度计,至混合料中心附近,检查混合料温度。

d. 待混合料温度符合要求的压实温度后,将试模连同底座一起放在击实台上固定,在装好的混合料上垫一张吸油性小的圆纸,再将装有击实锤及导向棒的压实头插入试模中,然后开启马达或人工将击实锤从 457 mm 的高度自由落下击实规定的次数(75、50 或 35 次)。对于大型马歇尔试件,击实次数为 75 次(相应于标准击实 50 次的情况)或 112 次(相应于标准击实 75 次的情况)。

e. 试件击实一面后,取下套筒,将试模掉头,装上套筒,然后以同样的方法和次数击实另一面。

f. 试件击实结束后,如上、下面垫有圆纸,应立即用镊子取掉,用卡尺量取试件离试模上口的高度并由此计算试件高度,如高度不符合要求,试件应作废,并按下式调整试件的混合料数量,以保证高度符合(63.5±1.3)mm(标准试件)或(95.3±2.5)mm(大型试件)的要求。

调整后混合料质量=(要求试件高度×原用混合料质量)/所得试件的高度

B. 卸去套筒和底座,将装有试件的试模横向放置,冷却至室温后(不少于 12 h)置脱模机上脱出试件。

C. 将试件仔细置于干燥洁净的平面上,供试验用。

9.2　沥青混合料试件制作(轮碾法)

▶ 9.2.1　一般规定

①本方法规定了在试验室用轮碾法制作沥青混合料全厚度车辙试件的方法,以供进行沥

青混合料全厚度车辙试验及测试物理力学性质试验时使用。

②轮碾法适用于 300 mm×300 mm×厚度(25～200 mm)板块状试件的成型,由此板块状试件用切割机切制成棱柱体试件,或在试验室用芯样钻机钻取试样,成型试件的密度应符合马歇尔标准击实试样密度 100%±1% 的要求。

③沥青混合料试件制作的试件尺寸应符合如下要求:对于轮碾板块试件,碾压层厚度不小于公称最大集料粒径的 1～1.5 倍;对于切割棱柱体试件,长度不小于公称最大集料粒径的 4 倍,宽度或厚度不小于公称最大集料粒径的 1～1.5 倍;对于轮碾成型板厚 50 mm 的试件,矿料规格及试件数量应符合《〈公路工程沥青及沥青混合料试验规程〉释义手册》(JTG E20—2011)中 T 0702 的规定。

▶ 9.2.2 主要仪器设备

①轮碾成型机。

②试验室用沥青混合料拌和机:能保证拌和温度并充分拌和均匀,可控制拌和时间,宜采用容量大于 30 L 的大型沥青混合料拌和机,也可采用容量大于 10 L 的小型拌和机。

③试模:由高碳钢制成,不会生锈。试模高度 5～50 mm,易拆装,因此可根据实际沥青路面结构,一层一层往上制备沥青混合料全厚度车辙试件。

④切割机:试验室用金刚石锯片锯石机(单锯片或双锯片切割机)或现场用路面切割机,有淋水冷却装置,其切割高度不小于试件高度。

⑤钻孔取芯机:用电力或汽油机、柴油机驱动,有淋水冷却装置。金刚石钻头的直径根据试件的直径选择(通常为 100 mm,根据需要也可为 150 mm)。钻孔深度不小于试件厚度,钻头转速不小于 1 000 r/min。

⑥烘箱:大、中型各一台,装有温度调节器。

⑦台秤、天平或电子:称量 5 kg 以上的,感量不大于 1 g;称量 5 kg 以下时,用于称量矿料的感量不大于 0.5 g,用于称量沥青的感量不大于 0.1 g。

⑧沥青运动黏度测定设备:布洛克菲尔德黏度计、毛细管黏度计或赛波特黏度计。

⑨小型击实锤:钢制端部断面 80 mm×80 mm,厚 10 mm,带手柄,总质量 0.5 kg 左右。

⑩温度计:分度为 1 ℃。宜采用有金属插杆的热电偶沥青温度计,金属插杆的长度不小于 300 mm,量程 0～300 ℃,数字显示或度盘指针的分度 0.1 ℃,且有留置读数功能。

▶ 9.2.3 试验过程

①将预热的试模从烘箱中取出,装上试模框架,在试模中铺一张裁好的普通纸(可用报纸),使底面及侧面均被纸隔离,将拌和好的全部沥青混合料(注意不得散失,分两次拌和的应倒在一起),用小铲稍加拌和后均匀地沿试模由边至中按顺序转圈装入试模,中部要略高于四周。

②取下试模框架,用预热的小型击实锤由边至中转圈夯实一遍,整平为凸圆弧形。

③插入温度计,待混合料稍冷至《〈公路工程沥青及沥青混合料试验规程〉释义手册》(JTG E20—2011)中 T 0702 规定的压实温度(为使冷却均匀,试模底下可用垫木支起)时,在表面铺一张裁好尺寸的普通纸。

④当用轮碾机碾压时,宜先将碾压轮预热至 100 ℃ 左右(如不加热,应铺牛皮纸)。然后,

将盛有沥青混合料的试模置于轮碾机的平台上,轻轻放下碾压轮,调整总荷载为9 kN(线荷载300 kN/cm)。

⑤启动轮碾机,先在一个方向碾压2个往返(4次),卸荷,再抬起碾压轮,将试件调转方向,再加相同荷载碾压至马歇尔标准密实度100%±1%为止。试件正式压实前,应经试压,决定碾压次数,一般12个往返(24次)左右可达要求。如试件厚度为100 mm,宜按先轻后重的原则分两层碾压。

⑥压实成型后,揭去表面的纸,用粉笔在试件表面标明碾压方向,压实成型后的试件需在室温条件下养护12 h以上(通常为1 d),才能在其上成型第二层,以此类推,各层的碾压方向始终一致。如一次成型多个试件,则需将试件编号。

9.3 沥青混合料马歇尔稳定度试验

▶ ### 9.3.1 一般规定

马歇尔稳定度试验是对标准击实的试件在规定的温度和速度等条件下受压,测定沥青混合料的稳定度和流值等指标所进行的试验。

本方法适用于标准马歇尔稳定度试验和浸水马歇尔稳定度试验。标准马歇尔稳定度试验主要用于沥青混合料的配合比设计及沥青路面施工质量检验。浸水马歇尔稳定度试验主要是检验沥青混合料受水损害时抵抗剥落的能力,通过测试其水稳定性检验可行性。这里主要介绍标准马歇尔稳定度试验方法。

▶ ### 9.3.2 主要仪器设备

①沥青混合料马歇尔试验仪。
②恒温水槽:控温准确度为1 ℃,深度不小于150 mm。
③烘箱。
④天平:感量不大于0.1 g
⑤温度计:分度为1 ℃
⑥其他:卡尺、棉纱、黄油。

▶ ### 9.3.3 试验过程

(1)准备工作

①成型马歇尔试件,尺寸应符合 $\phi(101.6\pm0.25)$ mm×(63.5 ± 1.3) mm 的要求。
②测量试件的直径及高度。用卡尺测量试件中部的直径,用马歇尔试件高度测定器或用卡尺在十字对称的4个方向量测量试件边缘10 mm处的高度,准确至0.1 mm,并取其平均值作为试件的高度。如试件高度不符合(63.5 ± 1.3) mm要求或两侧高度差大于2 mm,此试件应作废。
③按规定的方法测定试件的密度、空隙率、沥青体积百分率、沥青饱和度、矿料间隙率等物理指标。

④将恒温水浴调节至要求的试验温度,对黏稠石油沥青或烘箱养生过的乳化沥青混合料为(60±1)℃,对煤沥青混合料为(33.8±1)℃,对空气养生的乳化沥青或液体沥青混合料为(25±1)℃。

(2)试验步骤

①将标准试件置于已达规定温度的恒温水槽中保温30~40 min。试件之间应有间隔,底下应垫起,离容器底部不小于5 cm。

②将马歇尔试验仪的上下压头放入水槽或烘箱中达到同样温度。将上下压头从水槽或烘箱中取出擦拭干净内面。为使上下压头滑动自如,可在下压头的导棒上涂少量黄油。再将试件取出置于下压头上,盖上上压头,然后装在加载设备上。

③在上压头的球座上放妥钢球,并对准荷载测定装置的压头。

④当采用自动马歇尔试验仪时,将自动马歇尔试验仪的压力传感器、位移传感器与计算机或X—Y记录仪正确连接,调整好适宜的放大比例。调整好计算机程序或将X—Y记录仪的记录笔对准原点。

⑤当采用压力环和流值计时,将流值计安装在导棒上,使导向套管轻轻地压住上压头,同时将流值计读数调零。调整压力环中百分表,对零。

⑥启动加载设备,使试件承受荷载,加载速度为(50±5)mm/min。计算机或X—Y记录仪自动记录传感器压力和试件变形曲线并将数据自动存入计算机。

⑦当试验荷载达到最大值的瞬间,取下流值计,同时读取压力环中百分表读数及流值计的流值读数。

⑧从恒温水槽中取出试件至测出最大荷载值的时间,不得超过30 s。

(3)浸水马歇尔试验方法

浸水马歇尔试验方法与标准马歇尔试验方法的不同之处在于,试件在已达规定温度的恒温水槽中的保温时间为48 h,其余均与标准马歇尔试验方法相同。

(4)真空饱水马歇尔试验方法

试件先放入真空干燥器中,关闭进水胶管,开动真空泵,使干燥器的真空度达到97.3 kPa(730 mmHg)以上,维持15 min,然后打开进水胶管,靠负压进入冷水流使试件全部浸入水中,浸水15 min后恢复常压,取出试件再放入已达规定温度的恒温水槽中保温48 h,进行马歇尔试验,其余与标准马歇尔试验方法相同。

(5)试验结果计算

由荷载测定装置读取的最大值即为试样的稳定度(MS),以kN计,准确至0.1 kN。由流值计及位移传感器测定装置读取的试件垂直变形,即为试件的流值(FL),以mm计,准确至0.1 mm。

①试件的马歇尔模数T(kN/mm)按下式计算:

$$T = \frac{MS}{FL}$$

式中 MS——试件的稳定度,kN;

FL——试件的流值,mm。

②试件的浸水残留稳定度MS_0(%)按下式计算:

$$MS_0 = \frac{MS_1}{MS} \times 100$$

式中　MS_1——试件浸水48 h后的稳定度,kN。

③试件的真空饱水残留稳定度MS'_0(%)按下式计算:

$$MS'_0 = \frac{MS_2}{MS} \times 100$$

式中　MS_2——试件真空饱水后浸水48h后的稳定度,kN。

当一组测定值中某个数据与平均值之差大于标准差的k倍时,该测定值应予舍弃,并取其余测定值的算术平均值作为试验结果。当试验数目n为3,4,5,6个时,k值分别为1.15,1.46,1.67,1.82。

9.4　沥青混合料车辙试验

▶ 9.4.1　一般规定

①本方法适用于测定沥青混合料的高温抗车辙能力,供沥青混合料配合比设计的高温稳定性检验使用。

②车辙试验的试验温度与轮压可根据有关规定和需要选用,非经注明,试验温度为60 ℃,轮压为0.7 MPa。根据需要,如在寒冷地区也可采用45 ℃,在高温条件下采用70 ℃等,但应在报告中注明。计算动稳定度的时间原则上为试验开始后45～60 min。

③本方法适用于按《〈公路工程沥青及沥青混合料实验规程〉释义手册》(JTG E0—2011)用轮碾成型机碾压成型的长300 mm、宽300 mm、厚50～100 mm的板块状试件;也适用于现场切割制作板块状试件,切割试件的尺寸根据现场面层的实际情况由实验确定。

▶ 9.4.2　主要仪器设备

①车辙试验机:包括试件台、试验轮、加载装置、试模、试件变形测量装置和温度检测装置。

②恒温室:恒温室应具有足够的空间。车辙试验机必须整机安放在恒温箱内,装有加热器、气流循环装置并装有自动温度控制设备,同时恒温室还应有至少能保温3块试件并进行试验的条件。保持恒温室温度为60 ℃±1 ℃(试件内部温度60 ℃±0.5 ℃),根据需要亦可为其他需要的温度,用于保温试件并进行试验。

③台秤:称量15 kg,感量不大于5 g。

▶ 9.4.3　试验过程

(1)准备工作

①试验轮接地压强测定:测定在60 ℃时进行,在试验台上放置一块50 mm厚的钢板,其上铺一张毫米方格纸,上铺一张新的复写纸,以规定的70 N荷载后试验轮静压复写纸,即可在方格纸上得出轮压面积,并由此求得接地压强。当压强不符合(0.7±0.05)MPa,荷载应予

适当调整。

②按《〈公路工程沥青及沥青混合料试验规程〉释义手册》(JTG E20—2011)用轮碾成型法制作车辙试验试块。在试验室或工地制备成型的车辙试验试块,其标准尺寸为 300 mm×300 mm×(50～100)mm(厚度根据需要确定);也可从路面切割得到需要的试件。

③当直接在拌和厂取拌和好的沥青混合料样品制作试件检验生产配合比设计或混合料生产质量时,必须将混合料装入保温桶中,在温度下降至成型温度之前迅速送达试验室制作试件,如果温度稍有不足,可放在烘箱中稍事加热(时间不超过 30 min)后使用;也可直接在现场手动碾压或压路机碾压成型试件,但不得将混合料放冷却后二次加热重塑制作试件。重塑制件的试验结果仅供参考,不得用于评定配合比设计检验是否合格。

④如需要,将试件脱模,按本规程规定的方法测定密度及空隙率等各项物理指标。

⑤试件成型后,连同试模一起在常温条件下放置的时间不得少于 12 h。对聚合物改性沥青混合料,放置的时间以 48 h 为宜,使聚合物改性沥青充分固化后方可进行车辙试验,但室温放置时间也不得长于一周。

(2)实验步骤

①将试件连同试模一起,置于已达到试验温度(60±1)℃的恒温室中,保温不少于 5 h,也不得超过 12 h。在试件的试验轮不行走的部位,粘贴一个热电偶温度计(也可在试件制作时预先将热电偶导线埋入试件一角),控制试件温度稳定在(60±0.5)℃。

②将试件连同试模移置于轮辙试验机的试验台上,试验轮在试件的中央部位,其行走方向须与试件碾压或行车方向一致。开动车辙变形自动记录仪,然后启动试验机,使试验轮往返行走,时间约 1 h,或最大变形达到 25 mm 时为止。试验时,记录仪自动记录变形曲线(图9.1)及试件温度。

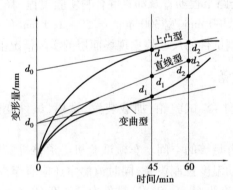

图9.1 车辙试验自动记录的变形曲线

注:试验变形较小的试件,可对一块试件在两侧 1/3 位置上进行两次试验,取平均值。

(3)计算结果

①从图 9.1 上读取 45 min(t_1)及 60 min(t_2)时的车辙变形量 d_1 及 d_2,准确至 0.01 mm。当变形过大,在未到 60 min 变形已达 25 mm 时,则以达到 25 mm(d_2)的时间为 t_2,将其前 15 min 作为 t_1,此时的变形量为 d_1。

②沥青混合料试件的动稳定度 DS(次/min)按下式计算。

$$DS = \frac{(S_2 - S_2) \times N}{d_2 - d_1} \times C_1 \times C_2$$

式中　d_1——对应于时间 t_1 的变形量,mm;

　　　d_2——对应于时间 t_2 的变形量,mm;

　　　C_1——试验机类型系数,曲柄连杆驱动试件的变速行走方式为 1.0,链驱动试验轮的等速方式为 1.5;

　　　C_2——试件系数,试验室制备的宽 300 mm 的试件为 1.0,从路面切割的宽 150 mm 的试件为 0.8;

　　　N——试验轮往返碾压速度,通常为 42 次/min。

思考题

1. 在车辙试件成型中,若以碾压轮温度为 150 ℃进行碾压,对混合料性能有何影响?
2. 若动稳定度指标直接采用变形指标来表征,合适吗? 为什么?
3. 路面浸水之后,其动稳定度有何影响?

10

实验报告

10.1 水泥试验

▶ 10.1.1 水泥细度检验(筛析法)试验报告

水泥品种与强度等级:_____。

试验温度:_____。

相对湿度:_____。

检验方法:_____。

标准筛规格:_____。

水泥试验筛标定记录见表 10.1。

表 10.1 水泥试验筛标定记录

序号	标准试样的质量 W/g	筛余量 F_t/g	筛余百分数 F/%	平均筛余百分数 $\bar{F}$/%	标准试样的筛余标准值 F_s/%	试验筛修正系数 C
1						
2						
3						

水泥细度试验记录见表 10.2。

表 10.2 水泥细度试验记录

序号	试样质量 W/g	筛余量 R_t/g	筛余百分数 F/%	平均筛余百分数/%	试验筛修正系数 C	修正后的筛余百分数/%	备注
1							
2							

试验结果分析与讨论：_____。

▶ 10.1.2 水泥比表面积测定方法（勃氏法）

水泥品种与强度等级：_____。

试验温度：_____。

校准温度：_____。

相对湿度：_____。

水泥比表面积试验记录见表 10.3。

表 10.3 水泥比表面积试验记录

试样号	1	2	平均值
试料层体积 $V/\mathrm{cm^3}$			
试样密度 $\rho/(\mathrm{g \cdot cm^{-3}})$			
标准试样密度 $\rho_s/(\mathrm{g \cdot cm^{-3}})$			
被测试样试料层空隙率 ε			
试验用试样量/g $m=\rho V(1-\varepsilon)$			
标准试样试验料层空隙率 ε_s			
被测试样液面降落时间 T/s			
标准试样液面降落时间 T_s/s			
标准试样比表面积 $S_s/(\mathrm{cm^2 \cdot g^{-1}})$			
被测试样比表面积 $S/(\mathrm{cm^2 \cdot g^{-1}})$			
试验时温度与校准温度之差/℃			
备注：			

试验结果分析与讨论：_____。

▶ 10.1.3 水泥标准稠度用水量测定

水泥品种与强度等级：_____。

试验温度：_____。

相对湿度：_____。

水泥标准稠度用水量检验记录见表 10.4。

表 10.4 水泥标准稠度用水量检验记录

序号	水泥试样质量/g	加水量/mL	试锥下沉深度 S/mm	标准稠度用水量 $P/\%$	备注
1					
2					
3					
4					

试验结果分析与讨论：_____。

▶ 10.1.4 水泥凝结时间测定

水泥品种与强度等级：_____。

试验温度：_____。

相对湿度：_____。

湿气养护箱温度：_____。

湿气养护箱湿度：_____。

水泥凝结时间检验记录见表10.5。

表 10.5 水泥凝结时间检验记录

加水时间： 年 月 日 时 分					
凝结时间测定记录					
时间	初凝	评判	时间	终凝	评判
	试针离底板高度/mm			环形附件在试体表面留下的痕迹情况(有、无)	
时　分			时　分		
时　分			时　分		
时　分			时　分		
时　分			时　分		
时　分			时　分		
时　分			时　分		
时　分			时　分		
时　分			时　分		
时　分			时　分		
时　分			时　分		
时　分			时　分		
时　分			时　分		
时　分			时　分		
时　分			时　分		
时　分			时　分		
试验结果:初凝_____min　　　　终凝_____min					
备注					

试验结果分析与讨论：_____。

10.1.5 水泥安定性测定(标准法)

水泥品种与强度等级:_____。
试验温度:_____。
试验湿度:_____。
水泥安定性(标准法)检验记录见表10.6。

表10.6 水泥安定性(标准法)检验记录

序号	标准稠度用水量 P/%	煮前针尖距离 A/mm	煮后针尖距离 L/mm	$L-A$ /mm	$L-A$ 的平均值 /mm	安定性判定	备注
1							
2							

试验结果分析与讨论:_____。

10.1.6 水泥安定性测定(代用法)

水泥品种与强度等级:_____。
试验温度:_____。
试验湿度:_____。
水泥安定性(代用法)检验记录见表10.7。

表10.7 水泥安定性(代用法)检验记录

序号	标准稠度用水量 P/%	有无裂缝	有无弯曲	安定性判别	备注
1					
2					

试验结果分析与讨论:_____。

10.1.7 水泥胶砂强度检验(ISO法)

水泥品种与强度等级:_____。
试体成型时试验室的温度:_____。
试体成型时试验室的湿度:_____。
养护箱温度:_____。
养护箱湿度:_____。
试体养护水温度:_____。
水泥胶砂强度检验记录见表10.8。

表10.8　水泥胶砂强度检验记录

龄期/d	试样编号	抗折试验			试样编号	抗压试验			
		破坏荷载/N	抗折强度/MPa	平均抗折强度/MPa		受压面积/mm²	破坏荷载/N	抗压强度/MPa	平均抗压强度/MPa
3	1				1				
					2				
	2				3				
					4				
	3				5				
					6				
28	1				1				
					2				
	2				3				
					4				
	3				5				
					6				
备注									

试验结果分析与讨论：＿＿＿＿＿＿＿＿＿＿＿＿＿＿＿＿＿＿＿＿＿＿＿＿。

10.2　混凝土用砂、石骨料试验

▶ 10.2.1　砂的筛分析试验

砂种类：＿＿＿＿＿＿＿＿＿＿＿＿＿＿＿＿＿＿＿＿＿＿＿＿＿＿。

砂产地：＿＿＿＿＿＿＿＿＿＿＿＿＿＿＿＿＿＿＿＿＿＿＿＿＿＿。

试验温度：＿＿＿＿＿＿＿＿＿＿＿＿＿＿＿＿＿＿＿＿＿＿＿＿。

相对湿度：＿＿＿＿＿＿＿＿＿＿＿＿＿＿＿＿＿＿＿＿＿＿＿＿。

砂筛分析试验记录见表10.9。

表 10.9　砂筛分析试验记录

筛孔公称直径/mm	符号	第一次筛分			第二次筛分		
		试样质量			试样质量		
		各筛上筛余质量/g	分计筛余/%	累计筛余/%	各筛上筛余质量/g	分计筛余/%	累计筛余/%
5.00	β_1						
2.50	β_2						
1.25	β_3						
0.63	β_4						
0.315	β_5						
0.16	β_6						
筛底	—						
质量合计							
细度模数							
细度模数平均值:							

试验结果分析与讨论:＿＿＿＿＿＿＿＿＿＿＿＿＿＿＿＿＿＿＿＿＿＿＿＿＿＿＿＿＿＿＿＿。

► **10.2.2　砂的表观密度试验(标准法)**

砂种类:＿＿＿＿＿＿＿＿＿＿＿＿＿＿＿＿＿＿＿＿＿＿＿＿＿＿＿＿＿＿＿＿＿。
砂产地:＿＿＿＿＿＿＿＿＿＿＿＿＿＿＿＿＿＿＿＿＿＿＿＿＿＿＿＿＿＿＿＿＿。
试验温度:＿＿＿＿＿＿＿＿＿＿＿＿＿＿＿＿＿＿＿＿＿＿＿＿＿＿＿＿＿＿＿。
相对湿度:＿＿＿＿＿＿＿＿＿＿＿＿＿＿＿＿＿＿＿＿＿＿＿＿＿＿＿＿＿＿＿。
水的温度:＿＿＿＿＿＿＿＿＿＿＿＿＿＿＿＿＿＿＿＿＿＿＿＿＿＿＿＿＿＿＿。
砂的表观密度试验记录见表 10.10。

表 10.10　砂的表观密度试验记录

序号	烘干试样质量 m_0/g	瓶+水质量 m_2/g	试样+瓶+水质量 m_1/g	表观密度 ρ/(kg·m^{-3})	水温修正系数 α_t	平均表观密度 ρ/(kg·m^{-3})	备注
1							
2							

试验结果分析与讨论:＿＿＿＿＿＿＿＿＿＿＿＿＿＿＿＿＿＿＿＿＿＿＿＿＿＿＿＿＿＿。

► **10.2.3 砂的堆积密度和紧密密度试验**

砂种类：_____。

砂产地：_____。

试验温度：_____。

相对湿度：_____。

砂堆积密度试验记录见表10.11。

表10.11 砂堆积密度试验记录

序号	容量筒容积 V/L	容量筒质量 m_1/kg	容量筒+砂质量 m_2/kg	砂样质量 m_2-m_1/kg	堆积密度 ρ_L/(kg·m^{-3})	平均堆积密度 $\bar{\rho}_L$/(kg·m^{-3})	备注
1							
2							

砂紧密密度试验记录见表10.12。

表10.12 砂紧密密度试验记录

序号	容量筒容积 V/L	容量筒质量 m_1/kg	容量筒+砂质量 m_2/kg	砂样质量 m_2-m_1/kg	堆积密度 ρ_c/(kg·m^{-3})	平均堆积密度 $\bar{\rho}_c$/(kg·m^{-3})	备注
1							
2							

试验结果分析与讨论：_____。

► **10.2.4 砂的含水率试验**

砂种类：_____。

砂产地：_____。

试验温度：_____。

相对湿度：_____。

砂的含水率试验记录见表10.13。

表10.13 砂的含水率试验记录

序号	容器质量 m_1/g	未烘干的试样与容器的总质量 m_2/g	烘干后的试样与容器的总质量 m_3/g	砂的含水率 w_{WC}/%	砂的平均含水率 w_{WC}/%
1					
2					

试验结果分析与讨论：_____。

► **10.2.5　砂中含泥量试验**

砂种类：_____。

砂产地：_____。

试验温度：_____。

相对湿度：_____。

砂中含泥量试验记录见表 10.14。

表 10.14　砂中含泥量试验记录

序号	试验前的烘干试样质量+盘质量/g	盘质量/g	试验后的烘干试样质量+盘质量/g	砂的含泥量 w_c/%	砂的平均含泥量 $\overline{w}_c$/%
1					
2					

试验结果分析与讨论：_____。

► **10.2.6　砂中泥块含量试验**

砂种类：_____。

砂产地：_____。

试验温度：_____。

相对湿度：_____。

砂中泥块含量试验记录见表 10.15。

表 10.15　砂中泥块含量试验记录

序号	试验前的烘干试样质量+盘质量/g	盘质量/g	试验后的烘干试样质量+盘质量/g	砂中泥块含量 $w_{C,L}$/%	砂中平均泥块含量 $\overline{w}_{C,L}$/%
1					
2					

试验结果分析与讨论：_____。

► **10.2.7　人工砂及混合砂中石粉含量试验(亚甲蓝法)**

砂种类：_____。

砂产地：_____。

试验温度：_____。

相对湿度：_____。

人工砂及混合砂 MB 值试验记录见表 10.16。

表 10.16　人工砂及混合砂 MB 值试验记录

试样质量/g	依次加入亚甲蓝溶液体积/mL				亚甲蓝溶液总体积 /mL	MB 值	结论
	1	2	3	4			

试验结果分析与讨论：_____。

▶ 10.2.8　砂中氯离子含量试验

砂种类：_____。

砂产地：_____。

试验温度：_____。

相对湿度：_____。

砂中氯离子含量试验记录见表 10.17。

表 10.17　砂中氯离子含量试验记录

序号	试样质量 m/g	空白试验时消耗硝酸银标准溶液体积 V_2/mL	试样滴定时消耗硝酸银标准溶液体积 V_1/mL	硝酸银标准溶液浓度 $c/(mol \cdot L^{-1})$	砂中氯化物含量 $w_{Cl}/\%$

试验结果分析与讨论：_____。

▶ 10.2.9　碎石或卵石的筛分析试验

石种类：_____。

石产地：_____。

试验温度：_____。

相对湿度：_____。

碎石或卵石的筛分析试验记录见表 10.18。

表 10.18 碎石或卵石的筛分析试验记录

筛孔公称直径/mm	第一次试验			第二次试验			平均累计筛余%
	称取的试样质量			称取的试样质量			
	质量/g	分计筛余/%	累计筛余/%	质量/g	分计筛余/%	累计筛余/%	
筛底							
筛后总质量/g							
最大粒径/mm							
级配情况							

试验结果分析与讨论：＿＿＿＿＿＿＿＿＿＿＿＿＿＿＿＿＿。

▶ 10.2.10 碎石或卵石的表观密度试验(简易法)

石种类：＿＿＿＿＿＿＿＿＿＿＿＿＿＿＿＿＿＿＿＿。
石产地：＿＿＿＿＿＿＿＿＿＿＿＿＿＿＿＿＿＿＿＿。
试验温度：＿＿＿＿＿＿＿＿＿＿＿＿＿＿＿＿＿＿。
相对湿度：＿＿＿＿＿＿＿＿＿＿＿＿＿＿＿＿＿＿。

碎石或卵石的表观密度试验记录见表10.19。

表 10.19 碎石或卵石的表观密度试验记录

序号	烘干试样质重 m_0/g	试样、水、玻璃片和瓶的总质量 m_1/g	水、玻璃片和瓶的总质量 m_2/g	水温修正系数 α_t	表观密度 ρ_0/(kg·m^{-3})	表观密度平均值 $\bar{\rho}_0$/(kg·m^{-3})
1						
2						

试验结果分析与讨论：＿＿＿＿＿＿＿＿＿＿＿＿＿＿＿＿＿。

▶ **10.2.11　碎石或卵石的堆积密度和紧密密度试验**

石种类：＿＿＿＿＿＿＿＿＿＿＿＿＿＿＿＿＿＿＿＿＿＿＿＿＿＿＿＿＿。
石产地：＿＿＿＿＿＿＿＿＿＿＿＿＿＿＿＿＿＿＿＿＿＿＿＿＿＿＿＿＿。
试验温度：＿＿＿＿＿＿＿＿＿＿＿＿＿＿＿＿＿＿＿＿＿＿＿＿＿＿＿＿＿。
相对湿度：＿＿＿＿＿＿＿＿＿＿＿＿＿＿＿＿＿＿＿＿＿＿＿＿＿＿＿＿＿。

碎石或卵石堆积密度试验记录见表10.20。

表 10.20　碎石或卵石堆积密度试验记录

序号	容量筒容积 V/L	容量筒质量 m_1/kg	容量筒+石质量 m_2/kg	石样质量 m_2-m_1/kg	堆积密度 ρ_L'/(kg·m^{-3})	平均堆积密度 $\bar{\rho}_L'$/(kg·m^{-3})	备注

碎石或卵石紧密密度试验记录见表10.21。

表 10.21　碎石或卵石紧密密度试验记录

序号	容量筒容积 V/L	容量筒质量 m_1/kg	容量筒+石质量 m_2/kg	石样质量 m_2-m_1/kg	堆积密度 ρ_c'/(kg·m^{-3})	平均堆积密度 $\bar{\rho}_c'$/(kg·m^{-3})	备注

试验结果分析与讨论：＿＿＿＿＿＿＿＿＿＿＿＿＿＿＿＿＿＿＿＿＿＿＿。

▶ **10.2.12　碎石或卵石的含水率试验**

石种类：＿＿＿＿＿＿＿＿＿＿＿＿＿＿＿＿＿＿＿＿＿＿＿＿＿＿＿＿＿。
石产地：＿＿＿＿＿＿＿＿＿＿＿＿＿＿＿＿＿＿＿＿＿＿＿＿＿＿＿＿＿。
试验温度：＿＿＿＿＿＿＿＿＿＿＿＿＿＿＿＿＿＿＿＿＿＿＿＿＿＿＿＿＿。
相对湿度：＿＿＿＿＿＿＿＿＿＿＿＿＿＿＿＿＿＿＿＿＿＿＿＿＿＿＿＿＿。

碎石或卵石的含水率试验记录见表10.22。

表 10.22　碎石或卵石的含水率试验记录

序号	容器质量 m_3/g	烘干前的试样与容器的总质量 m_1/g	烘干后的试样与容器的总质量 m_2/g	砂的含水率 w_{wc}'/%	砂的平均含水率 $\bar{w}_{wc}'$/%
1					
2					

试验结果分析与讨论：＿＿＿＿＿＿＿＿＿＿＿＿＿＿＿＿＿＿＿＿＿＿＿。

► **10.2.13　碎石或卵石中含泥量试验**

石种类：_____。

石产地：_____。

试验温度：_____。

相对湿度：_____。

碎石或卵石中含泥量试验记录见表10.23。

表 10.23　碎石或卵石中含泥量试验记录

序号	试验前的烘干试样质量+盘质量/g	盘质量/g	试验后的烘干试样质量+盘质量/g	石的含泥量 w'_c/%	石的平均含泥量 $\overline{w}'_c$/%

试验结果分析与讨论：

► **10.2.14　碎石或卵石中泥块含量试验**

石种类：_____。

石产地：_____。

试验温度：_____。

相对湿度：_____。

碎石或卵石中泥块含量试验记录见表10.24。

表 10.24　碎石或卵石中泥块含量试验记录

序号	试验前的烘干试样质量+盘质量/g	盘质量/g	试验后的烘干试样质量+盘质量/g	泥块含量 $w'_{C,L}$/%	泥块的平均含量 $\overline{w}'_{C,L}$/%

试验结果分析与讨论：

► **10.2.15　碎石或卵石中针状或片状颗粒的总含量试验**

石种类：_____。

石产地：_____。

试验温度：_____。

相对湿度：_____。

碎石或卵石中针状或片状颗粒的总含量试验记录见表10.25。

表10.25　碎石或卵石中针状或片状颗粒的总含量试验记录

试样质量 m_1/g	各粒级针、片状质量/g		
公称粒级/mm	针状质量	片状质量	针、片状总质量
累计			
针、片状总含量			

试验结果分析与讨论：＿＿＿＿＿＿＿＿＿＿＿＿＿＿＿＿＿＿＿＿＿＿＿＿。

▶　10.2.16　碎石或卵石的压碎指标试验

石种类：＿＿＿＿＿＿＿＿＿＿＿＿＿＿＿＿＿＿＿＿＿＿＿＿＿＿＿＿＿＿＿。
石产地：＿＿＿＿＿＿＿＿＿＿＿＿＿＿＿＿＿＿＿＿＿＿＿＿＿＿＿＿＿＿＿。
试验温度：＿＿＿＿＿＿＿＿＿＿＿＿＿＿＿＿＿＿＿＿＿＿＿＿＿＿＿＿＿＿。
相对湿度：＿＿＿＿＿＿＿＿＿＿＿＿＿＿＿＿＿＿＿＿＿＿＿＿＿＿＿＿＿＿。
碎石或卵石的压碎指标试验记录见表10.26。

表10.26　碎石或卵石的压碎指标试验记录

序号	试样质量 m_0/g	筛余质量 m_1/g	压碎指标/%	压碎指标平均值 δ_a/%
1				
2				
3				

试验结果分析与讨论：＿＿＿＿＿＿＿＿＿＿＿＿＿＿＿＿＿＿＿＿＿＿＿＿。

10.3　混凝土配合比综合试验

某住宅楼现浇混凝土梁板,混凝土设计强度等级为＿＿＿＿＿＿＿,施工要求坍落度为＿＿＿＿＿＿＿mm,和易性良好,无同一品种、同一强度等级混凝土的强度资料。

（1）原材料选用情况

混凝土配合比综合试验原材料选用情况见表10.27。

表 10.27   原材料选用情况

各种原材料	品名	材料规格及性能
水泥 m_{c0}		
细集料 m_{s1}		
细集料 m_{s2}		
粗集料 m_{g1}		
粗集料 m_{g2}		
外加剂 m_{a1}		
掺合料 m_{f1}		
掺合料 m_{f2}		
水 m_{w0}		

注:每立方混凝土细集料质量用符号 m_{s0} 表示,为全部细集料用量之和,如只有一种细集料,那么 m_{s0} 等于 m_{s1} ;每立方混凝土粗集料质量用符号 m_{g0} 表示,为全部粗集料用量之和,如只有一种粗集料,那么 m_{g0} 等于 m_{g1} 。

（2）配合比的计算

第一步:混凝土配制强度的确定 $f_{cu,0}$（MPa）（表 10.28）。

表 10.28   混凝土配制强度

σ		$f_{cu,0} \geqslant f_{cu,k} + 1.645\sigma$	$f_{cu,0} \geqslant$

第二步:确定水胶比（表 10.29）。

表 10.29   水胶比计算

回归系数 α_a		回归系数 α_b		粉煤灰影响系数 γ_f		矿渣粉影响系数 γ_s	
水泥强度等级值的富余系数 γ_c			当 f_{ce} 无实测值时, $f_{ce} = \gamma_c f_{ce,g}$			$f_{ce} =$	
胶凝材料 28d 抗压强度值（MPa）: $f_b = \gamma_f \gamma_s f_{ce}$				$f_b =$			
计算水胶比 $W/B = \alpha_a f_b / (f_{cu,0} + \alpha_a \alpha_b f_b)$				$W/B =$			

注:水胶比计算结果需校核耐久性要求或特殊要求的混凝土所允许的最大水胶比。

第三步:确定用水量（kg/m³）。

依据设计坍落度值、骨料最大粒径、细骨料细度模数等,未掺外加剂按规定推定并计算用水量: $m'_{w0} = $ _____ 。

掺外加剂后用水量（如没有掺加外加剂 β 为零）: $m_{w0} = m'_{w0}(1-\beta) = $ _____ 。

第四步:计算总胶凝材料、矿物掺合料、水泥用量及外加剂量（kg/m³）（表 10.30）。

表 10.30 胶凝材料、矿物掺合料、水泥及外加剂用量计算

胶凝材料：$m_{b0}=m_{w0}/(W/B)$	
掺合料 1：$m_{f1}=m_{b0}\beta_{f1}$	
掺合料 2：$m_{f2}=m_{b0}\beta_{f2}$	
外加剂 1：$m_{a1}=m_{b0}\beta_{a1}$	
水泥用量：$m_{c0}=m_{b0}-m_{f1}-m_{f2}$	

注：胶凝材料用量计算结果需校核耐久性要求或特殊要求的混凝土所允许的最少胶凝材料。

第五步：确定砂率 β_s（％）。

依据设计坍落度、骨料最大粒径、细骨料细度模数、水胶比、拌合物性能及施工要求，按规定选取、确定砂率。

$\beta_s=$

第六步：粗骨料用量 m_{g0} 和细骨料用量 m_{s0}，采用质量法或体积法中的一种方法进行计算。

①质量法。

假定混凝土拌合物的表观密度 $m_{cp}=$

②体积法。

通过以上理论计算，配合比如下：

$m_c:m_{w0}:m_{f1}:m_{f2}:m_{g0}:m_{s0}:m_{a1}=$ _____。

第七步：根据各种粗骨料和细骨料用量分别占粗骨料总量和细骨料总量的比例，计算 m_{g1}、m_{g2}、m_{s1}、m_{s2}（如粗细骨料分别只有一种，此步骤不需要计算）。

通过以上理论计算，配合比如下：

$m_c:m_{w0}:m_{f1}:m_{f2}:m_{g0}(m_{g1}+m_{g2}):m_{s0}(m_{s1}+m_{s2}):m_{a1}=$ _____。

(3)修正计算配合比,提出试拌配合比

第一步：通过调整配合比参数使拌合物和易性符合设计和施工要求。坍落度的调整：当测得拌合物的坍落度小于施工要求时，可保持水胶比不变掺入 5％ 或 10％ 的水和水泥进行调整；当坍落度过大时，可保持砂率不变增加 5％ 或 10％ 砂和石子；若黏聚性或保水性不好，则需增加砂子，适当提高砂率，尽快拌和均匀，重做坍落度测定直到和易性符合要求为止（表10.31）。

表 10.31 拌合物和易性计算

用量	混凝土中各材料用量									混凝土和易性测定结果			
	水泥	掺合料1	掺合料2	细集料1	细集料2	粗集料1	粗集料2	外加剂	水	坍落度/mm	黏聚性	保水性	是否符合要求
调整前用量 /(kg·m⁻³)													

续表

用量	混凝土中各材料用量									混凝土和易性测定结果			
	水泥	掺合料1	掺合料2	细集料1	细集料2	粗集料1	粗集料2	外加剂	水	坍落度/mm	黏聚性	保水性	是否符合要求
各材料用量/kg													
1次调整质量比例/%													
1次调整增加质量/kg													
2次调整质量比例/%													
2次调整增加质量/kg													
各材料调整后质量/kg									各材料总质量/kg				

第二步:在混凝土和易性满足要求后,测定拌合物的实际表观密度(表10.32)。

表 10.32 实际表观密度计算

容量筒质量 W_1/kg	容量筒容积 V/L	容量筒和试样总质量 W_2/kg	试样质量 m/kg	实测表观密度 $\rho_{c,t}$/(kg·m^{-3})	备注

第三步:提出试拌配合比。

①计算配合比进行试拌后,和易性直接满足设计与施工要求,无须调整。

当混凝土拌合物表观密度实测值与计算值之差的绝对值不超过计算值的2%时,计算配合比可维持不变,计算配合比作为试拌配合比;当二者之差超过2%时,应将配合比中每项材料用量均乘以校正系数δ。

通过上述调整后,试拌配合比为:

$m_c : m_{w0} : m_{f1} : m_{f2} : m_{g0}(m_{g1}+m_{g2}) : m_{s0}(m_{s1}+m_{s2}) : m_{a1} = $ _____。

②计算配合比进行试拌后,和易性不满足设计与施工要求,需要调整。

调整后,测定拌合物的实际表观密度,并按下式计算每立方米混凝土的各材料用量:

$$A = m_{c拌} + m_{w0拌} + m_{f1拌} + m_{f2拌} \cdots$$

$$m_j = \frac{m_{j拌}}{A} \times \rho_{c,t}$$

式中 A——调整后,各材料总质量,kg;

$\rho_{c,t}$——表观密度实测值,kg/m^3;

$m_{j拌}$——调整后,j 材料实际拌合用量,kg;

m_j——试拌配合比中,$1m^3$ 混凝土的 j 材料用量,kg。

通过上述调整后,试拌配合比为:

$$m_c : m_{w0} : m_{f1} : m_{f2} : m_{g0}(m_{g1}+m_{g2}) : m_{s0}(m_{s1}+m_{s2}) : m_{a1} = \underline{\qquad\qquad\qquad\qquad\qquad} 。$$

(4)依据混凝土强度,确定最终水胶比

①列出或计算出 3 个试拌配合比。

考虑到课时问题和教学要求,可 3 个小组互相配合,每个小组做一个配合比,试验数据见表 10.33。

表 10.33　配合比试验数据

编号	水胶比	名称 用量	水	水泥	砂1	砂2	石1	石2	掺合料1	掺合料2	外加剂1
1	增加	配合比用量/(kg·m⁻³)									
		试拌/L									
2	基准 水胶比	配合比用量/(kg·m⁻³)									
		试拌/L									
3	减小	配合比用量/(kg·m⁻³)									
		试拌/L									

②根据 3 个试拌配合比,进行混凝土强度试验,数据见表 10.34。

表 10.34　混凝土强度试验数据

试件编号	龄期/d	试件尺寸/mm	受压面积/mm²	破坏载荷/kN	抗压强度/MPa	抗压强度平均值/MPa	备注
1							
2							
3							

注:进行混凝土强度试验时,拌合物性能满足设计与施工的要求。

③确定最终水胶比与试验室配合比。

方法一：插值法。

选择略高于和低于设计值的两组强度与水胶比。

A1 强度：_____；　　　B1 水胶比：_____。

A2 强度：_____；　　　B2 水胶比：_____。

已知设计强度 A 用内插法计算待定水胶比 B 的公式为_____：

计算出 B(最终确定水胶比)：_____。

方法二：线性关系图法。

根据 28 d 抗压强度结果，在图 10.1 上完成混凝土强度与水胶比的关系曲线。

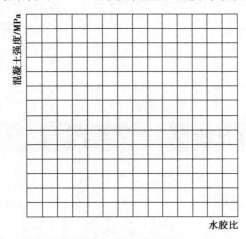

图 10.1　混凝土强度与水胶比关系曲线

通过手工计算或 Excel 等软件计算线性回归直线，求出回归方程和可靠度。

回归方程为：_____。

根据回归方程求出与配制强度(MPa)相应的水胶比值为：_____。

④确定试验室配合比。

保持用水量不变，依据最终确定水胶比，计算调整其他材料用量如下(kg/m³)：

$$m_c : m_{w0} : m_{f1} : m_{f2} : m_{g0}(m_{g1}+m_{g2}) : m_{s0}(m_{s1}+m_{s2}) : m_{a1} = \underline{\hspace{2cm}}。$$

(5)计算施工配合比

试验室配合比是以干燥材料为基准计算而得，但现场施工所用的骨料含有一定水分，因此，在现场配料前，必须先测定骨料的含水率，在用水量中扣除骨料带入的水，并相应增加骨料的质量，其他干燥材料用量不变(表 10.35)。

表 10.35　施工配合比计算

含水材料	含水率/%	试验室配合比用量/(kg·m⁻³)	施工配合比用量/(kg·m⁻³)	带入的水/(kg·m⁻³)	试验室配合比用水量/(kg·m⁻³)	施工配合比用水量/(kg·m⁻³)
细集料 1						

续表

含水材料	含水率/%	试验室配合比用量/(kg·m⁻³)	施工配合比用量/(kg·m⁻³)	带入的水/(kg·m⁻³)	试验室配合比用水量/(kg·m⁻³)	施工配合比用水量/(kg·m⁻³)
细集料2						
粗集料1						
粗集料2						

施工配合比为：

$$m_c : m_{w0} : m_{f1} : m_{f2} : m_{g0}(m_{g1}+m_{g2}) : m_{s0}(m_{s1}+m_{s2}) : m_{a1} = \underline{\qquad}。$$

10.4　建筑砂浆试验

▶　10.4.1　砂浆稠度试验

水泥品种与强度等级：_____。

砂子性质：_____。

试验温度：_____。

相对湿度：_____。

砂浆稠度试验记录见表10.36。

表10.36　砂浆稠度试验记录

配合比		
稠度/mm	1	
	2	
	平均值	

试验结果分析与讨论：_____。

▶　10.4.2　砂浆分层度试验试验报告

水泥品种与强度等级：_____。

砂子性质：_____。

试验温度：_____。

相对湿度：_____。

砂浆分层度试验记录见表10.37。

表 10.37　砂浆分层度试验记录

序号	静置前稠度/mm	静置后稠度/mm	分层度/mm	平均分层度/mm
1				
2				

试验结果分析与讨论：＿＿＿＿＿＿＿＿＿＿＿＿＿＿＿＿＿＿＿。

► 10.4.3　砂浆立方体抗压强度试验

水泥品种与强度等级：＿＿＿＿＿＿＿＿＿＿＿＿＿＿＿＿＿。
砂子性质：＿＿＿＿＿＿＿＿＿＿＿＿＿＿＿＿＿＿＿＿＿＿＿。
试验温度：＿＿＿＿＿＿＿＿＿＿＿＿＿＿＿＿＿＿＿＿＿＿＿。
相对湿度：＿＿＿＿＿＿＿＿＿＿＿＿＿＿＿＿＿＿＿＿＿＿＿。
砂浆立方体抗压强度试验记录见表10.38。

表 10.38　砂浆立方体抗压强度试验记录

养护龄期/d			
试件编号	1	2	3
受压面积/mm^2			
破坏荷载/kN			
抗压强度/MPa			
抗压强度平均值/MPa			
建筑砂浆标号评定			
备注			

试验结果分析与讨论：＿＿＿＿＿＿＿＿＿＿＿＿＿＿＿＿＿＿＿。

► 10.4.4　砂浆保水性试验

水泥品种与强度等级：＿＿＿＿＿＿＿＿＿＿＿＿＿＿＿＿＿。
砂子性质：＿＿＿＿＿＿＿＿＿＿＿＿＿＿＿＿＿＿＿＿＿＿＿。
试验温度：＿＿＿＿＿＿＿＿＿＿＿＿＿＿＿＿＿＿＿＿＿＿＿。
相对湿度：＿＿＿＿＿＿＿＿＿＿＿＿＿＿＿＿＿＿＿＿＿＿＿。
砂浆保水率试验记录见表10.39。

表 10.39　砂浆保水率试验记录

序号	底部不透水片与干燥试模质量 m_1/g	15 片滤纸吸水前的质量 m_2/g	试模、底部不透水片与砂浆总质量 m_3/g	15 片滤纸吸水后的质量 m_4/g	砂浆含水率 α/%	砂浆保水率 W/%	平均砂浆保水率 $\overline{W}$/%

砂浆含水率试验记录见表 10.40。

表 10.40　砂浆含水率试验记录

序号	砂浆样本的总质量 m_6/g	烘干后砂浆样本的质量 m_5/g	砂浆含水率 α/%	平均砂浆含水率 $\overline{\alpha}$/%

试验结果分析与讨论：_____。

10.5　墙体材料试验

▶　10.5.1　砌墙砖试验方法

砌墙砖品种：_____。
强度等级：_____。
外形尺寸：_____。
试验温度：_____。
相对湿度：_____。
砌墙砖试验记录见表 10.41。

表 10.41　砌墙砖试验记录

试件编号	抗压最大破坏荷载 P/kN	受压面		抗压强度 R_p/MPa	平均值	标准差 S	强度标准值	抗折最大破坏荷载 P_c/kN	宽度高度		跨距 L	抗折强度 R_c/MPa	平均抗折强度 $\overline{R}_c$/MPa	单块最小值 /MPa
		测量值	平均值						测量值	平均值				
1														
2														
3														
4						变异数值	单块最小抗压强度/MPs							
5														
6														
7														
8														
9														
10														

试验结果分析与讨论：_____。

▶ 10.5.2　蒸压加气混凝土抗压强度试验

砌块品种：_____。

强度等级：_____。

规格尺寸：_____。

干密度等级：_____。

试验温度：_____。

相对湿度：_____。

蒸压加气混凝土砌块试验记录见表10.42。

表10.42 蒸压加气混凝土砌块试验记录

试样规格				强度级别				干密度级别		
试件编号	试件尺寸/(mm×mm)	受压面积/mm²	破坏荷载/kN	抗压强度/MPa	单组平均抗压强度/MPa	平均抗压强度/MPa	实测强度级别	烘干前质量/g	烘干后质量/g	含水率/%
1										
2										
3										
1										
2										
3										
1										
2										
3										
备注										

试验结果分析与讨论：_____。

10.6 钢筋试验

▶ 10.6.1 钢筋的拉伸性能试验

钢材品种：_____。

钢筋牌号：_____。

试验温度：_____。

相对湿度：_____。

钢材拉伸试验记录见表10.43。

表 10.43　钢材拉伸试验记录

试件编号	直径/mm	公称截面面积/mm²	标距/mm		伸长率/%	屈服荷载/kN	极限荷载/kN	屈服强度/MPa	极限强度/MPa
			原始标距 L_o	断后标距 L_u					
1									
2									

公称截面面积取值以表 10.44 为准。

表 10.44　钢筋的公称横截面积表

公称直径/mm	公称横截面面积/mm²	公称直径/mm	公称横截面面积/mm²
8	50.27	22	380.1
10	78.54	25	490.9
12	113.1	28	615.8
14	153.9	32	804.2
16	201.1	36	1018
18	254.5	40	1257
20	314.2	50	1964

试验结果分析与讨论：_____。

▶　**10.6.2　钢筋的弯曲试验**

钢材品种：_____。

钢筋牌号：_____。

试验温度：_____。

相对湿度：_____。

钢材弯曲试验记录见表 10.45。

表 10.45　钢材弯曲试验记录

试件编号	直径/mm	弯心直径/mm		弯曲角度	弯曲后情况
1					
2					

试验结果分析与讨论：_____。

10.7 沥青试验

▶ 10.7.1 沥青针入度测定

沥青品种：_____

质量指标：_____

牌号：_____

试验室温度：_____

试验水温：_____

沥青针入度记录见表10.46。

表10.46 沥青针入度记录

针入度读数(单位:1/10 mm)			
第一次	第二次	第三次	平均值

试验结果分析与讨论：_____

▶ 10.7.2 沥青延度测定

沥青品种：_____

质量指标：_____

牌号：_____

试验室温度：_____

试验水温：_____

沥青延度记录见表10.47。

表10.47 沥青延度记录

延度读数/cm			
第一次	第二次	第三次	平均值

试验结果分析与讨论：_____

▶ 10.7.3 沥青软化点测定

沥青品种：_____

质量指标：_____

牌号： _____。

试验室温度： _____。

沥青软化点试验记录见表10.48。

表 10.48　沥青软化点试验记录

试样编号	加温介质	软化点/℃	软化点平均值/℃

试验结果分析与讨论： _____。

10.8　沥青混合料试验

▶ 10.8.1　沥青混合料马歇尔稳定度试验

沥青品种： _____。

质量指标： _____。

牌号： _____。

试验室温度： _____。

试验水温： _____。

沥青混合料马歇尔稳定度试验记录见表10.49。

表10.49 沥青混合料马歇尔稳定度试验记录

试件类型						
矿料名称	矿粉	0~4 mm石屑	~ mm碎石	~ mm碎石	~ mm碎石	~ mm碎石
矿料相对密度						
矿料比例/%						

沥青种类标号					
油石比					
沥青用量					
击实温度/℃					
锤击次数(每面)/次					
沥青相对密度		水密度/(g·cm⁻³)		测力计工作曲线 $Y=aX+b$	a
					b

试件编号	试件厚度/mm		试件在空气中的质量/g	试件在水中的质量/g	试件表干质量/g	相对密度	密度/(g·cm⁻³)		沥青体积百分率/%	空隙率/%	矿料间隙率/%	沥青饱和度/%	稳定度		流值/mm	马歇尔模数/(kN·m⁻¹)
	单值	平均值					理论值	实测值					力计读数/0.01 mm	稳定度/kN		
							实测值									
1																
2																
3																
4																
5																
6																
平均值																

► **10.8.2 沥青混合料车辙试验**

沥青品种：_____。

质量指标：_____。

牌号：_____。

试验室温度：_____。

试验水温：_____。

沥青混合料车辙试验记录见表10.50。

10.50 沥青混合料车辙试验记录表

试件编号	试件尺寸/mm			试件毛体积相对密度	理论最大相对密度	试件空隙率/%	试件系数 C_2	试验机类型修正系数 C_1	时间 t_1、t_2 /min	变形量 d_1、d_2 /mm	试件动稳定度测值/(次·min^{-1}) $DS=\dfrac{(t_2-t_1)\times N}{d_2-d_1}\times C_1 \times C_2$	动稳定度/(次·min^{-1})
	长 a	宽 b	高 h									

参考文献

[1] 苏达根. 土木工程材料[M]. 4 版. 北京：高等教育出版社，2019.

[2] 李金海. 误差理论与测量不确定度评定[M]. 北京：中国计量出版社，2003.

[3] 邓初首，陈晓淼，何智海. 土木工程材料实验[M]. 北京：清华大学出版社，2021.

[4] 中华人民共和国国家标准质量监督检验检疫总局，中国国家标准化管理委员会. 水泥细度检验方法 筛析法：GB/T 1345—2005［S］. 北京：中国标准出版社，2005.

[5] 中华人民共和国国家质量监督检验检疫总局，中国国家标准化管理委员会. 水泥比表面积测定方法 勃氏法：GB/T 8074—2008［S］北京：中国标准出版，2008.

[6] 中华人民共和国国家质量监督检验检疫总局，中国国家标准化管理委员会. 水泥标准稠度用水量、凝结时间、安定性检验方法：GB/T 1346—2011［S］北京：中国标准出版社，2012.

[7] 国家市场监督管理总局，国家标准化管理委员会. 水泥胶砂强度检验方法（ISO 法）：GB/T 17671—2021［S］. 北京：中国标准出版社，2021.

[8] 中华人民共和国国家质量监督检验检疫总局，中国国家标准化管理委员会. 通用硅酸盐水泥：GB 175—2007［S］. 北京：中国标准出版社，2007.

[9] 中华人民共和国建设部. 普通混凝土用砂、石质量及检验方法标准（附条文说明）：JGJ 52—2006［S］. 北京：中国建筑工业出版社，2007.

[10] 中华人民共和国住房和城乡建设部. 普通混凝土配合比设计规程：JGJ 55—2011［S］. 北京：中国建筑工业出版社，2011.

[11] 中华人民共和国住房和城乡建设部. 普通混凝土拌合物性能试验方法标准：GB/T50080—2016［S］北京：中国建筑工业出版社，2017.

[12] 中华人民共和国住房和城乡建设部，国家市场监督管理总局. 混凝土物理力学性能试验方法标准：GB/T 50081—2019［S］. 北京：中国建筑工业出版社，2019.

[13] 中华人民共和国住房和城乡建设部. 砌筑砂浆配合比设计规程：JGJ/T 98—2010［S］. 北京：中国建筑工业出版社，2010.

[14] 中华人民共和国国家质量监督检验检疫总局，中国国家标准化管理委员会. 砌墙砖试验

方法:GB/T 2542—2012[S].北京:中国标准出版社,2013.

[15]国家市场监督管理总局,国家标准化管理委员会.蒸压加气混凝土性能试验方法:GB/T 11969—2020[S]北京:中国标准出版社,2020.

[16]国家市场监督管理总局,国家标准化管理委员会.金属材料 拉伸试验 第1部分:室温试验方法:GB/T 228.1—2021[S]北京:中国标准出版社,2021.

[17]中华人民共和国国家质量监督检验检疫总局,中国国家标准化管理委员会.金属材料弯曲试验方法:GB/T 232—2010[S]北京:中国标准出版社,2011.

[18]中华人民共和国国家质量监督检验检疫总局,中国国家标准化管理委员会.沥青针入度测定法:GB/T 4509—2010[S]北京:中国标准出版社,2011.

[19]中华人民共和国国家质量监督检验检疫总局,中国国家标准化管理委员会.沥青延度测定法:GB/T 4508—2010[S]北京:中国标准出版社,2010.

[20]中华人民共和国国家质量监督检验检疫总局,中国国家标准化管理委员会.沥青软化点测定法 环球法:GB/T 4507—2014[S]北京:中国标准出版社,2014.